Valentin Pretzer

VERSAGER AN DER SPITZE

VERSAGER AN DER SPITZE

Wie Top-Manager unsere Wirtschaft an die Wand fahren

FBV

Valentin Pretzer

Bibliografische Information der Deutschen Nationalbibliothek:
Die Deutsche Nationalbibliothek verzeichnet diese Publikation in der Deutschen Nationalbibliografie. Detaillierte bibliografische Daten sind im Internet über http://dnb.d-nb.de abrufbar.

Für Fragen und Anregungen:
info@finanzbuchverlag.de

Originalausgabe, 1. Auflage 2018

Nymphenburger Straße 86
D-80636 München
Tel.: 089 651285-0
Fax: 089 652096

Lektorat: Matthias Teiting
Korrektorat: Silvia Kinkel
Umschlaggestaltung: Manuela Amode
Umschlagabbildung: iStock/HASLOO
Satz: Daniel Förster, Belgern
Druck: GGP Media GmbH, Pößneck
Printed in Germany

ISBN Print 978-3-95972-110-3
ISBN E-Book (PDF) 978-3-96092-189-9
ISBN E-Book (EPUB, Mobi) 978-3-96092-190-5

Inhalt

Die Spitze

Dieses Buch ist nicht bloß ein Buch über die Wirtschaft oder ihre Vertreter. Dieses Buch ist eine Anklage. Eine Anklage gegen die Auswüchse, die unsere Wirtschaft mit sich gebracht hat. Eine Anklage gegen die Manager, die den Staat missbrauchen, um sich selbst zu bereichern. Eine Anklage gegen ein verkommenes System, das in den vergangenen Jahrzehnten seine größte Stärke in eine fatale Schwäche verwandelt hat. Diese Stärke war der Egoismus.

Der Markt wird vom Egoismus beherrscht und kontrolliert. Das ist an sich nicht unbedingt schlecht. Ganz im Gegenteil: Im 18. Jahrhundert wurde in der Gier der Grundstein für unsere heutige Marktwirtschaft entdeckt. Der schottische Ökonom Adam Smith formulierte das so clever, dass sein Gedanke noch heute an den Universitäten gelehrt wird: »Nicht von der Wohltätigkeit des Fleischers, des Brauers oder des Bäckers erwarten wir unser Essen, sondern von ihrem Blick auf ihr eigenes Interesse.«

Der Bäcker macht gute Brötchen in erster Linie, weil er sie gut verkaufen will. Er will Geld verdienen. Aus demselben Grund werden neue Technologien entwickelt und Arbeitsprozesse vereinfacht, es wird geforscht und experimentiert, nicht um des Fortschritts willen, sondern um bessere Produkte besser verkaufen zu können.

So ist der Egoismus für alle profitabel.

Und eine gesunde Wirtschaft sorgt für eine gesunde Gesellschaft. In der westlichen Welt gibt es seit sieben Jahrzehnten großflächig Frieden und Wohlstand. Selbst der Hunger, als weltweit größtes Gesundheitsrisiko, wird in harten Kämpfen weiter eingedämmt und beschränkt sich – schlimm genug – vor allem auf die Entwicklungsländer. Der Weltwährungsfonds berichtet seit Jahren einen Anstieg des weltweiten realen Bruttoinlandsprodukts. Der einzige Einbruch in der positiven Bilanz: Die Wirtschaftskrise 2009.

Deutschland gehört zu den größten Gewinnern dieser Entwicklung. Die Gier hat das Land zu dem gemacht, was es heute ist: eine reiche Nation, in der 83 Prozent der Haushalte über mindestens ein Auto verfügen und in der sich weit mehr als die Hälfte der Bevölkerung regelmäßige Urlaube leisten kann.

Eine Studie der Bertelsmann-Stiftung prüfte die Nationen auf ihre Zukunftsfähigkeit. Es wurden Faktoren untersucht wie Innovationsfähigkeit, Arbeitslosigkeit und Recyclingquote. Die Bundesrepublik war nach der Schweiz und den Skandinavischen Nationen auf Platz sechs. Etwas abgeschlagen – wegen des schlechten Sozialsystems und des hohen Rentenalters. Trotzdem: Mehr und mehr Menschen erreichen einen höheren Bildungsabschluss. Die Deutschen leben in einem Land voller Luxus und Wahlmöglichkeiten: die Linke oder die Union. Volvo oder Lamborghini. Pasta oder Hühnchen.

Arm oder reich? So ganz funktioniert das Perpetuum Mobile des Wohlstands dann doch nicht. Das Wachstum hat die Industriestaaten weit gebracht, aber im Kern ist er infiziert. Und die Infektion wächst. Die Wirtschaft beginnt zu hinken, sie wird einseitig. Denn der Reichtum weniger wird durch die Arbeit vieler getragen. Das Geld fließt in eine Richtung, statt sich zu verteilen. Unsere Steuern scheinen oft nur erwirtschaftet zu werden, um dann in großen Löchern zu verschwinden. Immer wieder musste der Staat Konzerngiganten retten. Die *ZEIT* berichtete, dass die Finanzkrise seit 2007 allein durch die Verluste des Bruttoinlandsproduktes mindestens 740 Milliarden Euro kostete. Das sind 9.000 Euro für jeden Bürger. Zusätzlich war die Regierung gezwungen, durch Geldtransfers in Milliardenhöhe Tausende von Arbeitsplätzen zu retten. Die weltweiten Auswirkungen der globalen Krise sind vermutlich gar nicht realistisch zu berechnen. Und: Derartige Defizite entstehen nicht einfach. Geld verschwindet nicht. Es fließt ab.

Genauer gesagt: Es fließt zu denjenigen, die das kapitalistische System der Selbstbereicherung derart verstanden haben, dass sie allen Regeln und Gesetzen entwachsen sind. Einige der Menschen, die an der Spitze des Wirtschaftssystems stehen, stehen auch über den Gesetzen. Über den Gesetzen der Finanzindustrie. Über den Gesetzen in den Strafgesetzbüchern. Und über jedem moralischen Gesetz. Es ist diesen Menschen gelungen, so wichtig, so mächtig, so bedeutend zu werden, dass man sie mit den klassischen Kategorien unseres Rechtsstaats nicht mehr fassen kann.

Manchmal machen diese Menschen Fehler. Wenn ihre Gier so groß wird, dass sie sich verspekulieren. Dass sie den Überblick verlieren. Wenn sie Dinge nicht erreichen können, die sie zuvor großspurig angekündigt haben.

Wenn diese Menschen in ihrer Aufgabe versagen, rufen sie um Hilfe. Und die Regierungen antworten. Auch Deutschland stopft immer wieder Löcher und knüpft Rettungsschirme, damit ihre größten und wichtigsten Unternehmen nicht untergehen. Dann sind aus den Top-Managern Versager geworden. Versager an der Spitze.

Diese Menschen sind die 0,14 Prozent, die mehr als 80 Prozent der weltweiten Finanzen kontrollieren. Sie sind die globale Elite, die kein Staat mehr antasten kann. Sie selbst verwenden die Regierungen als ihre Marionetten. Sie sind die gesetzlose Finanzelite. Sie sind gierige Wesen, die in den Chefsesseln der größten Konzerne sitzen, auf die sie sich durch den selbstsüchtigen Blick nach oben vorgearbeitet haben. In ihrer Gier kontrollieren sie wirtschaftliche Massen, die von keinem Verstand mehr gefasst werden können. Sie haben eine Glasdecke durchbrochen. Längst können sie sich ungestört bereichern, ohne mit Konsequenzen rechnen zu müssen. Unser Wirtschaftssystem ist ihnen nicht gewachsen. Sie verderben es, weil sie das Geld zu sich abziehen und keine Regierung der Welt ihnen Einhalt gebieten kann.

Zur Erinnerung: Der Souverän in einer Demokratie ist eigentlich nicht die Regierung, nicht der Bundestag und auch nicht die Wirtschaftselite, sondern der Wähler. In Deutschland sind das 61,5 Millionen Wahlberechtigte. Um sie sollte sich die Wirtschaft drehen. Ihnen sollte sie dienen. Doch die Wähler sind es, die sich den Rücken für die Top-Manager an der Spitze krummarbeiten. Das Statistische Bundesamt schätzt den Bruttoverdienst eines Deutschen »im Produzierenden Gewerbe und im Dienstleistungsbereich ohne Sonderzahlungen« im Durchschnitt auf 3.703 Euro pro Monat. Wenn man von 45 Jahren Arbeit ausgeht, verdient also der Durchschnittsdeutsche in seinem Leben fast 2 Millionen Euro. Brutto. Bei 40 Prozent Abzügen bleiben noch 1,2 Millionen Euro. Das wären etwas mehr als 2.200 Euro pro Monat. Zuzüglich einer Rente von etwa 1.000 Euro im Monat.

Wer etwas besser betucht ist als der Durchschnittsdeutsche, verdient in seinem Leben vielleicht sogar 2 Millionen Euro netto. Damit lebt es sich schon wesentlich besser, man könnte sagen: überdurchschnittlich.

Wenn sich jemand ein wirklich schönes Haus bauen will, muss er dafür schnell eine halbe Million zahlen. Das können sich nun nicht mehr viele Bürger leisten. Man bräuchte dafür ein Lebenseinkommen von 2,5 Millionen, und das ist deutlich überdurchschnittlich. Allerdings bekommt man dann auch einen großen Garten und genug Platz für die Familie. Und würden wir das Lebenseinkommen nun großzügig auf 3 Millionen Euro runden, dann wäre sogar der Neunelfer Porsche schon eingerechnet. 3 Millionen Euro für ein Leben sind also sehr, sehr ausreichend. Sogar luxuriös. In jedem Fall hätte man mit 3 Millionen Euro ausgesorgt.

Der ehemalige VW-Chef Martin Winterkorn erhielt 17 Millionen Euro in einem Jahr. Bis zu 20 Millionen waren es für den Großbankmanager Josef Ackermann. Milliardär Carsten Maschmeyer hatte seine erste Million, bevor er 30 wurde.

In Wahrheit erwirtschaftet der Durchschnittsdeutsche viel mehr als nur 3 Millionen. Allerdings arbeitet er zum Wohle der höheren Managementebene. Der von ihm erarbeitete Gewinn geht an den Vorstand – der also eigentlich von den Arbeitnehmern abhängig ist. Die Realität sieht jedoch anders aus. Die Arbeitgeber streichen Stellen nach Gutdünken. Josef Ackermann strich in seiner Funktion als Chef der Deutschen Bank tausendfach Stellen, damit die Jahresbilanz besser aussah. Volkswagen strukturiert sich um, lässt dabei seine Leiharbeiter fallen und will bis 2025 bis zu 30.000 Stellen streichen, weil sie im neuen Konzept nicht gebraucht werden.

Der normale Arbeitnehmer hat scheinbar den falschen Beruf gewählt. Und nicht nur, was die Jobsicherheit angeht. Wer sich gegen einen Konzern entscheidet, der das große Geld für sich arbeiten lässt, der hat schlechte Karten. Und wer in so einem Konzern nicht ins Management vordringen kann oder will, wird sich allenfalls an der Glasdecke, die den Normalbürger vom Millionär trennt, die Nase plattdrücken.

Manche Berufsfelder sind ohnehin gänzlich ungeeignet, um Geld zu verdienen. Im sozialen Bereich arbeitet niemand, ohne nicht regelmäßig auf den Kontostand achten zu müssen. Im künstlerischen Bereich ist der Traum von einem auch nur moderaten Reichtum kaum zu verwirklichen. Ganz nach oben arbeitet sich hier fast keiner. Handwerker können nur laut lachen, wenn sie an den deutschen Durchschnittsverdienst denken. Beamte sind berühmt dafür, ausgesorgt zu haben, aber im Kapitalismus, der sonst auf Aufstiegschancen setzt, sind sie zur Mittelmäßigkeit verdammt. Jobsicherheit und Gehalt sind Welten von dem entfernt, was der Finanzadel »verdient«.

»Verdient« steht hier in Anführungszeichen, weil jegliches Maß und jeder Sinn für Relationen lange verloren gegangen sind. »Denn wer da hat, dem wird gegeben, dass er die Fülle habe«, heißt es in der Bibel. Reich werden nur die, die nicht ihre Arbeitskraft verkaufen, sondern ihr Geld und damit andere für sich arbeiten lassen.

Deutschland ist kein Land, das für seine Millionäre berühmt ist. Das amerikanische Wirtschaftsmagazin *Forbes* ermittelte im Jahr 2016 1.810 Milliardäre weltweit. Nur 120 davon sind Deutsche. Und die sind selbst in Deutschland kaum bekannt. Die Unternehmer hinter Tchibo, Otto, BASF, Mövenpick, Lidl, hinter der Müllermilch oder Vanish OxiAction sind Unsichtbare aus dem exklusiven Club des Geldadels. Auch semi-bekannte Superreiche wie Susanne Klatten, Reinhold Wuerth oder die Aldi-Familie betreten das Rampenlicht nur sehr verhalten.

Gleichzeitig können sie sich scheinbar alles herausnehmen: Uli Hoeneß hinterzieht trotz seines überwältigenden Reichtums Steuern. Für BASF schießen britische Vertragspartner südafrikanische Minenarbeiter nieder, damit Platin in deutsche Motoren eingebaut werden kann, die dann von VW und Co. als »sauber« verkauft werden. Carsten Maschmeyer bekommt eine neue Show auf SAT1. Es wirkt, als wären die Vorwürfe gegen den »Drückerkönig« vergessen. In den 1990er-Jahren verkaufte sein Unternehmen den hochriskanten Dreiländerfonds – tausendfach und gezielt an ältere Menschen, die ihre Rente aufbessern wollten und nicht über die Risiken ihrer Anlage aufgeklärt wurden. Maschmeyer ruinierte diese Menschen. Heute ist er Fernsehstar. Er lebt den Traum vom großen Geld, denn er hat sich von ganz unten nach oben gearbeitet. Nur die Frage, zu welchem Preis das geschah, wird heute nicht mehr gestellt. Ähnlich wie bei Anton Schlecker, der aus einem kleinen Erbe die größte Drogeriekette Deutschlands baute. Als er geschäftlich versagte, saßen Zehntausende auf der Straße. So auch bei Josef Ackermann, für den die Menschen hinter den Kündigungen nur kalkulierte Zahlen waren, die der Deutschen Bank kurzfristig Gewinne brachten.

Sie alle versagten in ihrer Verantwortung gegenüber ihren Angestellten, ihren Kunden und der Allgemeinheit. Trotzdem kamen sie mit einem blauen Auge davon – weil das Verhalten der Mächtigen sich den Konsequenzen entzieht. Es sind Diebe, die nach dem Gesetz keine Kriminellen sind. Sie werden geschützt durch ihre Rolle in der Wirtschaft. Und durch ihre Vernetzung in die Politik können sie sich scheinbar alles leisten. Dabei hätten sie in ihrer Position die Verantwortung, sich zu kümmern. Sie dürften nicht der blanken Gier folgen. Aber sie folgen ihr. Und da liegt ihr Versagen.

Sie müssen angeklagt werden, wo immer Regierung und Justiz nichts gegen sie unternehmen können oder wollen.

In diesem Buch werden fünf exemplarische Fälle vorgestellt, in denen Spitzenmanager versagt haben. Fälle, in denen oftmals Milliarden von Euro verbrannt wurden. Fälle, in denen es um Zehntausende Menschen geht, die ihre Jobs verloren haben. Fälle, die zumeist ohne eine Konsequenz blieben. Dieses Buch ist eine Anklage. Es fordert, dass die Vergehen der Versager an der Spitze nicht vergessen werden. Es fordert Konsequenzen.

1. KAPITEL

Der Getriebene – Josef Ackermann

Es gibt Tage, da verliert Josef Ackermann für einen kurzen Augenblick die Orientierung. Er steht morgens auf und weiß nicht mehr, wo er eigentlich ist. Im Halbschlaf sucht er dann vergeblich nach dem Lichtschalter. Ackermann braucht an diesen Tagen ein paar Sekunden, um sich zu sammeln. Um die Kontrolle zurückzugewinnen. Die Orientierung wiederzufinden und den Jetlag zu überwinden. New York, Frankfurt, London, Peking. Wenn die Welt zur Heimat wird, dann läuft man Gefahr, sich schnell zu verlieren. Aber die Welt ist für Josef Ackermann nicht bloß zur Heimat geworden. Sie ist auch die Referenzgröße seines unternehmerischen Denkens. Sie ist der Maßstab seines Handelns. Und auch wenn er für einen kurzen Moment die Orientierung verliert, die Kontrolle, die will er nicht abgeben. Niemals.

Am 02. August 2010 tut Josef Ackermann, damals noch Chef der Deutschen Bank, etwas, was er sonst eigentlich nicht tut. Er gewährt einer breiten Öffentlichkeit einen intimen Einblick in sein Leben. Er gibt sich transparent. Der Autor Hubert Seipel darf den Spitzenmanager mit einer Kamera begleiten. Die Dokumentation »Die Welt des Josef Ackermann« läuft zur besten Sendezeit in der ARD. Man sieht einen Mann, der über die Strapazen und die Konsequenzen seiner ewigen Reisen spricht. Man sieht einen Banker, der zu erklären und einzuordnen bemüht ist, was er in der Vergangenheit getan hat. Ein Mann, der versucht, die Deutungshoheit, die Kontrolle über das Bild, das von ihm in der Öffentlichkeit kursiert, zurückzugewinnen. Ein Mann, der keinesfalls als Versager dastehen will.

Es ist ein ungewöhnlicher Moment. Denn Ackermann gilt nicht als jemand, der die Medien zu nah an sich heranlässt. Und auch sein Institut, die Deutsche Bank, hatte über Jahre hinweg den Ruf, nur dann mit der Presse zu sprechen, wenn es sich wirklich nicht vermeiden lässt. Vielleicht möchte er, der mächtigste Banker Deutschlands, an diesem Ruf etwas ändern. Es sind die letzten Monate, die er an der Spitze der Deutschen Bank verbringen wird. Vielleicht möchte er an dem Narrativ, dass die Nachwelt von ihm erzählen wird, mitarbeiten. Denn was tatsächlich bleiben wird von der Ägide Ackermann, das ist im Hochsommer 2010 noch nicht einmal ansatzweise absehbar.

Das Bild, welches die Deutschen von Josef Ackermann zu diesem Zeitpunkt haben, ist in jedem Fall ambivalent. Die meisten Bürger gestehen dem Top-Manager durchaus seine Erfolge zu. Ackermann hat die Deutsche Bank modernisiert wie kaum jemand zuvor. Er hat für die Deutsche Bank Gewinne eingefahren wie kaum jemand zuvor. Aber Ackermann ist für viele Menschen zugleich zum Sinnbild des herzlosen Kapitalismus geworden. Der Mann, der vor Gericht musste, weil er den Pleite-Managern von Mannesmann noch horrende Millionenboni zugestand. Und das, obwohl ihr Konzern verkauft und zerschlagen wurde. Obwohl zahlreiche Menschen ihren Job verloren haben. Ackermann wurde deswegen angeklagt, aber vor Gericht alberte er siegessicher herum, lachte in die Kameras und formte die Finger zu einem Victory-Zeichen. Josef Ackermann ist für viele Deutsche der Mann, der stolz einen Rekordgewinn für sein Unternehmen verkündete und wenige Sekunden später massive Stellenstreichungen vortrug. Um noch mehr Gewinn zu machen. Viele Kommentatoren waren sich einig: Josef Ackermann war das kalte Gesicht des Raubtierkapitalismus, dem es mehr um Gewinne als um einzelne Schicksale ging.

Ackermann selbst sieht das natürlich anders. Er sieht sich als jemanden, der auch mal harte Einschnitte machen muss, um das Gesamtwohl des Unternehmens, das Gesamtwohl seiner Mitarbeiter zu schützen. Auch wenn das hin- und wieder wehtut. Nicht nur den anderen, auch ihm selbst. Und um dieses Bild von seiner Person kämpft er nun.

Vor der Kamera philosophiert er darüber, wie nah er doch dran sei, an den Menschen. Ein Beleg dafür sieht er in der Tatsache, dass er an keinem armen Menschen vorbeigehen könne, ohne etwas Geld zu spenden. Das bringe er einfach nicht übers Herz. In der nächsten Einstellung der Dokumentation sieht man, wie Ackermann mit einem Handy am Ohr in einer gepanzerten Mercedes-Limousine gut abgeschottet durch die Stadt gefahren wird. Zur Wall Street 60. Dem Sitz der Deutschen Bank in New York. Das Büro befindet sich in einem Hochhaus weit über den Dächern der Stadt.

Auch hier oben ist sich Josef Ackermann scheinbar sicher, dass er die Orientierung niemals so wirklich verlieren wird. Und wenn es doch einmal brenzlig wird, dann greift er einfach in sein Portemonnaie und zieht den kleinen Zettel mit dem Spruch heraus, den sein Vater ihm einmal gegeben hat.

Damals, als Josef Ackermann noch der Seppl war. Ein kleiner Junge vom Land. Nicht der große Top-Manager von Welt.

Die Anfänge

Josef Ackermann, geboren am 7. Februar 1948, wuchs bodenständig auf. Das ist eben so, wenn man aus Mels kommt, einer kleinen Gemeinde in St. Gallen. Knapp 8.000 Menschen leben hier auf einer Fläche von 14.000 Quadratmetern. Die Region ist ländlich geprägt. Wie in vielen kleinen Ortschaften der Schweiz läuft das Leben auch in Mels etwas ruhiger, etwas langsamer und etwas gesitteter ab als in den anderen Teilen des Landes. Großstädte wie Zürich sind bei den Landbewohnern verpönt. Zu wild. Zu laut. Zu radikal. Die naturverbundenen Schweizer lieben ihre grünen unverbauten Wiesen und ihre urigen Dörfer. Alles hier ist übersichtlich. Katholisch. Konservativ. Alles hat seinen Platz. Und die Familie Ackermann, die hatte ihren Platz auf der Sonnenseite des Lebens gefunden.

Karl Ackermann, der Vater von Josef, war Landarzt. Seine Margrith war Hausfrau. Da Karl über eine eigene Praxis verfügte, hatten die Ackermanns in der Region einen herausgehobenen Stand. Die Familie war anerkannt und geachtet. Aber dem jungen Josef reichte das nicht. Er hatte das Gefühl, in der kleinen Ortschaft gefangen zu sein, er verspürte schon früh den Wunsch, die Enge seiner Heimat zu überwinden. Josef wollte seine Perspektive weiten. Wollte die große Welt sehen. Dass er das Zeug dazu hatte, war seinen Mitschülern schon früh klar. Josef bekam fantastische Noten und war zugleich pragmatisch veranlagt. Außerdem zeigte er schon zu Schulzeiten einen enormen Ehrgeiz. Sein Vater bekam das wohl mit. Er hätte seinen Sohn am liebsten nah bei der Familie gehalten. Schon seit Generationen lebten die Ackermanns hier, trotzdem kam es immer wieder zu Konflikten, und Ackermann Senior schien zu ahnen, dass er seinen Sohn nicht würde halten können. So versuchte er ihm zumindest einige Werte mitzugeben. Und den wichtigsten Wert notierte er in Spruchform auf einen kleinen Zettel und steckte diesen seinem Seppl zu.

»In anderer Glück sein eigenes finden,
Ist dieses Lebens Seligkeit –
Und anderen Menschen Wohlfahrt gründen,
Schafft göttlich Zufriedenheit.«

Ackermann betont noch heute, dass er den kleinen Zettel immer bei sich trägt. Zusammengefaltet in seinem Portemonnaie. Für den Fall, dass er einmal vergessen sollte, wo er herkommt und welche Werte er dort gelernt hat. Für den Fall, dass er einmal die Orientierung verliert.

Als junger Mann schien Ackermann kein Problem mit der Orientierung zu haben. Im Gegenteil. Er wusste genau, was er wollte. Und er hatte auch eine Idee, wie er es bekommen konnte. Nachdem er seine Matura, also das Schweizer Abitur, bestanden hatte, absolvierte er den Militärdienst. Die Armee ist berühmt dafür, dass sie wie ein riesiges Netzwerk funktioniert. Wer sich dort beweist, der wird nicht selten entdeckt und weitervermittelt. Die Kontakte, die man in der Armee knüpft, funktionieren sehr häufig als Einstieg in die folgende Berufslaufbahn.

Ackermann war sich der Aufmerksamkeit bewusst, die er auf sich zog. Während seiner Militärlaufbahn setzte er das fort, was er schon in der Schule versucht hatte: der Beste zu sein. Ackermann bekam bald Führungsverantwortung. Stieg zu einem Offizier auf. Und lernte, worauf es in einer Führungsposition ankommt: Durchhaltewillen, Mannschaftstreue und Entscheidungsstärke. Alles Eigenschaften, die ihm bei seiner späteren Laufbahn als Banker zugutekommen sollten.

Nach dem Militärdienst studierte Ackermann Wirtschafts- und Sozialwissenschaften an der Universität St. Gallen. Eine Eliteuniversität, die bis heute als Kaderschmiede für die mächtigsten Wirtschaftsbosse der Welt gilt. Wie schon in der Schule und beim Militär konnte Ackermann auch hier – dieses Mal als Wissenschaftler – glänzen. Er promovierte zum Thema »Einfluss des Geldes auf das reale Wirtschaftsgeschehen« und arbeitete als Lehrbeauftragter für Geldpolitik und Geldtheorie. Eine wissenschaftliche Karriere stand ihm offen. Doch 1977 zog es Ackermann in die Praxis. Raus aus St. Gallen. Hinein in die Welt.

Der Banker

Ackermann ging zur Credit Suisse, einer der bedeutendsten Banken des Landes. Dort setzte er fort, was er in der Vergangenheit begonnen hatte: Er arbeitete sich konsequent die Karriereleiter hoch. Die Theorie des Geldhandels beherrschte er. Es war nun Zeit für die Praxis. Mit seinem grundlegenden Fachwissen und seinen beim Militär erworbenen Führungsqualitäten präsentierte er sich seinen Vorgesetzten als zuverlässiger, geistesgegenwärtiger Mitarbeiter, der in der Lage war, jede Situation schnell und durchdringend zu analysieren. Das fiel auf. Und wurde honoriert. Und Ackermann durfte das machen, was er schon immer machen wollte: die

Welt bereisen. Als Student hatte er einmal einen Rucksacktrip durch Amerika gewagt. Dort hatte er die Börse, die legendäre Wall Street besucht. Und sie hatte Eindruck auf ihn gemacht. Nun, viele Jahre später, kehrte er dorthin zurück. Und dieses Mal nicht als Tourist, sondern als jemand, der lernen wollte.

Ackermann wollte genau wissen, wie das moderne Investmentbanking funktionierte. Welche Möglichkeiten es gab, eine möglichst hohe Rendite aus Kapitalanlagen zu gewinnen. Er wusste, die Amerikaner waren da sehr viel weiter und auch sehr viel mutiger als die Schweizer. Er sog das Wissen förmlich auf. Dann reiste er nach London. Und stellte fest, dass der größte europäische Finanzmarkt beim Investmentbanking würde mithalten können. Für Ackermann schon damals ein Zukunftsgeschäft. Aber er wollte in allen Bereichen glänzen. Und so durchlief er sämtliche Abteilungen der Credit Suisse. Und arbeitete sich Stück für Stück nach oben.

Innerhalb von 13 Jahren wurde Ackermann zum Präsidenten der Bank. Für ihn eine ungewohnte Rolle. »Als Präsident der Generaldirektion bin ich quasi immer auf andere angewiesen, die die Details ausarbeiten. Ich muss aufpassen, dass ich nicht nur noch reproduziere, was andere für mich getan haben, sondern dass ich auch Zeit finde, Dinge selber zu durchdenken«, gab er damals zu Protokoll. Eines zeigte sich schon zu diesem Zeitpunkt sehr deutlich: Ackermann hasste es, die Kontrolle abzugeben. Umso schlimmer muss für ihn ein interner Vorstandsstreit über die Ausrichtung des Finanzinstituts gewesen sein. Ackermann hatte vor, die Credit Suisse komplett neu auszurichten. Aber es gab Gegenwind. Und als Ackermann seinen Kurs nicht durchsetzen konnte, schmiss er 1996 hin. Er wollte offenbar nicht die Verantwortung für die Zukunft einer Bank übernehmen, deren Entwicklung er nicht bestimmen konnte.

Da Ackermann sich in den vergangenen 13 Jahren nicht bloß einen exzellenten Ruf erarbeitet, sondern sich auch sehr gut vernetzt hatte, war es nur eine Frage der Zeit, bis ihn neue Angebote erreichten. Etwa das, ob er für die Deutsche Bank arbeiten wolle. Im Vorstand. Dort war man auch bereit, Ackermann seine Vision von einer modernen Bank umsetzen zu lassen.

Die Deutsche Bank

Als Josef Ackermann nach Frankfurt wechselte, war die Deutsche Bank nicht bloß eine deutsche Bank. Die Deutsche Bank war die mächtigste Bank Deutschlands. Sie besaß nicht nur maßgebliche Anteile an den größten deutschen Industriefirmen. Sie saß nicht selten auch bei den wichtigsten deutschen Firmenfusionen mit am Tisch. Meistens aus dem einfachen Grund, dass die Deutsche Bank Anteile an den Firmen besaß und somit ihre Vertreter in den Aufsichtsrat entsandte. Die Deutsche Bank war eng mit den Unternehmen des Landes verbandelt.

Das Bankgeschäft in Deutschland war seit jeher konservativ. Fokussiert auf die Kunden. Im Gegensatz zu den USA, wo man auf spekulative Finanzgeschäfte setzte, um die Rendite zu erhöhen. Ackermann, geprägt von seinen Erfahrungen an der Wall Street und dem Handelsplatz in London, wollte diese konservative Ausrichtung aufgeben. Er wollte die Deutsche Bank nach und nach modernisieren. Zumindest einen Fuß in den Bereich des Investmentbankings bekommen.

Ackermann übernahm die Verantwortung für verschiedene Geschäftsbereiche. Er war zuständig für Kreditrisiken, Marktrisiken, war Schatzmeister des Unternehmens und übernahm ab 1998 schließlich den Bereich »Globale Unternehmen und Institutionen«. Das war genau die Position, die er gesucht hatte, denn hier konnte er die entscheidenden Weichen stellen und die Bank so ausrichten, wie er sie haben wollte. Hinter dem etwas sperrigen Titel verbarg sich nichts anderes, als dass er die Verantwortung zum einen für die Großkunden der Bank und zum anderen für das Investmentbanking übernehmen sollte.

Investmentbanker verwalten das Vermögen der Kunden und versuchen, es durch kluge Investitionen zu mehren. Wenn der Kunde hohe Gewinne einfährt, dann verdient auch die Bank daran mit. Und je mehr ein Kunde gewinnt, desto reicher wird das Finanzinstitut. Nur ist ein Investment immer auch ein Risiko. Ob jemand Rendite, also Gewinne, erzielt oder sein Vermögen im schlimmsten Fall sogar verliert, ist nie so ganz absehbar. Zwar lassen sich die Risiken minimieren, in dem man das Geld auf möglichst sichere Anlagen setzt. Aber je höher das Risiko, desto höher sind am Ende des Tages auch die möglichen Gewinne, die mit dem eingesetzten Geld erzielt werden können.

Ackermann sah große Chancen und Ausbaumöglichkeiten im Investmentbereich. Doch es gelang ihm zunächst nicht, genügend erfahrene Spitzenkräfte für seine Abteilung zu gewinnen. Also ging er auf Werbetour an den Universitäten, er suchte Investmentbanker für die Deutsche Bank. Aber niemand zeigte Interesse. Ja, natürlich, die Deutsche Bank hatte einen exzellenten Ruf. Aber der basierte auf eher konservativen Werten. Nicht auf dem Risikobereich Investmentbanking.

Erst Ende der 1990er-Jahre wendete sich das Blatt. Ackermann bekam die Chance, die Bankers Trust Company (BTC) zu übernehmen. Die Vermögensverwaltungsgesellschaft wurde im Jahr 1903 in New York gegründet und stieg unter der Führung des Privatbankiers J.P. Morgan bald zur achtgrößten Bank der Vereinigten Staaten auf. Der Schwerpunkt der Bankers Trust Company: Investmentbanking. Mitte der 1990er-Jahre allerdings geriet das Institut ins Wanken. Es gab Probleme mit Krediten aus Lateinamerika. Die Gewinne brachen ein. Tatsächlich war eine Übernahme des Unternehmens durch die Deutsche Bank auch für die BTC interessant, da sich beide Institute gut ergänzten. Die Deutsche Bank konnte ihr USA-Geschäft ausbauen, und die BTC musste keinen Kahlschlag fürchten, wie sie ihn wohl erlebt hätte, wenn eine US-Bank sie geschluckt hätte. Ackermann fädelte den Deal ein. Es war sein Meisterstück. Mit einem Schlag hatte er der Deutschen Bank eine ganz neue Perspektive eröffnet. Er hatte sie im Bereich Investmentbanking von heute auf morgen durch den Einkauf der vermeintlich geballten Kompetenz zu einem Big Player gemacht. Hatte es zuvor noch keine Interessenten für den bislang vernachlässigten Investmentbereich gegeben, so konnte sich die Bank nun vor interessierten Fachkräften gar nicht mehr retten.

Und Ackermann wurde belohnt. Im September 2000 wählte der Vorstand ihn mit Wirkung ab Mai 2002 als Nachfolger von Rolf-E. Breuer an die Spitze der Konzernleitung. Vier Jahre, nachdem er in den Vorstand der Bank berufen worden war, machte man ihn zum Chef. Als gebürtiger Schweizer war er somit der erste ausländische Chef der Deutschen Bank überhaupt. Der Seppl, der von Mels in die Welt gezogen war, hatte es geschafft.

Für Ackermann war das bloß der Anfang. Die Weichen waren gestellt, aber er wusste, dass er noch einen langen Weg vor sich hatte. Zumindest die Bezahlung war schon jetzt angenehm. Ackermanns Fixgehalt betrug 1,15 Millionen Euro, zusätzlich erhielt er erfolgsabhängige Vergütungskomponenten, die in einigen Jahren die 10 Millionen Euro überschritten haben. In den Jahren 2004 und 2005 gab es keinen DAX-Manager, der mehr verdiente als er.

Ja, die Dinge liefen großartig für Josef Ackermann. Und dann bekam er im Januar 2004 eine Vorladung vor Gericht. Die Staatsanwaltschaft forderte zwei Jahre Haft.

Der Mannesmann-Prozess

Der Prozess kam nicht überraschend. Zwei Jahre lang hatten sich die Staatsanwälte mit Unterstützung einer Sonderkommission des Landeskriminalamts Düsseldorf auf diesen Prozess vorbereitet. Es ging um die Übernahme des Technologiekonzerns Mannesmann durch den britischen Mobilfunkriesen Vodafone. Der deutsche Konzern wurde geschluckt. Tausende Arbeitsplätze gingen verloren. Ackermann, der auch im Aufsichtsrat von Mannesmann tätig war, hatte trotz allem noch milliardenhohe Bonuszahlungen für die Pleite-Manager abgesegnet. Das Gericht warf ihm und fünf weiteren Angeklagten Untreue in besonders schwerem Fall vor.

Ackermann war von den Vorwürfen natürlich nicht begeistert. Er schien den gesamten Prozess als reine Zumutung zu empfinden. Am ersten Prozesstag erschien er in Düsseldorf vor Gericht und schimpfte gleich los. »Das ist das einzige Land, wo die, die erfolgreich Werte schaffen, deswegen vor Gericht stehen.« Offenbar hatte Ackermann eine andere Vorstellung von Recht und Gerechtigkeit als die meisten Beobachter des Falls.

Mannesmann war im 19. Jahrhundert ursprünglich als ein Industriekonzern gegründet worden. Die Brüder Max und

Reinhard Mannesmann hatten 1885 das erste Verfahren entwickelt, mit dem sich nahtlose Stahlrohre herstellen ließen. Nach anfänglichen Schwierigkeiten setzte sich ihre Idee schließlich durch. Noch heute werden Stahlrohre nach einem ähnlichen Verfahren gefertigt. Damals war das sogenannte »Mannesmannrohr« den bisherigen Produkten so überlegen, dass es beim Fahrzeug-, Maschinen- und Anlagenbau ganz neue technische Möglichkeiten eröffnete. Die erste große Öl-Pipeline etwa konnte nur mit dieser Rohrart gebaut werden. Der Konzern wuchs. Aus dem reinen Stahlverarbeiter wurde ein Stahlproduzent. Nach und nach erschloss man sich neue Geschäftsfelder. Seit den 1980er-Jahren investierte Mannesmann auch in Maschinen- und Anlagebau sowie in die Automobilzulieferung und schließlich, ab dem Jahr 1990, auch in die Telekommunikation.

Mannesmann erwarb sich eine Lizenz zum Aufbau des ersten privaten Mobilfunknetzes in Deutschland. D2. Handys waren in den frühen 1990er-Jahren noch nicht weit verbreitet. Aber das D2-Netz wurde systematisch ausgebaut, und Jahr für Jahr wurden mehr und mehr Mobilfunkverträge abgeschlossen. Der Konzern fuhr Gewinne ein. Der Mobilfunkmarkt war ein Zukunftsgeschäft, und der Erfolg des D2-Netzes weckte Begehrlichkeiten.

Im Jahr 1999 begann der britische Mobilfunkkonzern Vodafone, eine feindliche Übernahme vorzubereiten. Mannesmann wurde ein Angebot vorgelegt. Man beabsichtige, das deutsche Unternehmen zu kaufen, hieß es aus London. Dafür biete man rund 100 Milliarden Euro. Mannesmann-Chef Klaus Esser bezeichnete das Angebot als »völlig unangemessen«. Eine monatelange Übernahmeschlacht begann. Im Februar 2000 schließlich stimmte Mannesmann dann doch zu. Vodafone schluckte das deutsche Traditionsunternehmen für

190 Milliarden Euro. Aber Vodafone interessierte sich nicht für die restlichen Unternehmensanteile von Mannesmann. Sie wollten bloß das D2-Netz. Also wurde Mannesmann aufgeteilt und zerschlagen. Die Filetstücke des Konzerns wurden verkauft. Der Rest einfach dichtgemacht. Es war das unrühmliche Ende eines gut aufgestellten deutschen Konzerns, der noch im gleichen Geschäftsjahr satte Gewinne geschrieben hatte. Tausende von Mitarbeitern wurden arbeitslos.

Und Josef Ackermann hatte die Mannesmann-Manager mit 56 Millionen Euro Prämien belohnt.

Die Ermittler waren der Überzeugung, dass von den gezahlten Geldern mindestens 28 Millionen Euro rechtswidrig geflossen seien. Die Staatsanwälte glaubten, dass die Manager die Wirren der Übernahmeschlacht genutzt hatten, um Kasse zu machen. Die Höhe der Abfindungen sei überzogen, lautete der Vorwurf. Und die Art und Weise, wie die Abfindungen zustande gekommen waren, sei rechtswidrig.

Am 22. Juli 2004 ging der Prozess nach 24 Wochen, 37 Verhandlungstagen und 55 Zeugenvernehmungen zu Ende. Das Landgericht stellte fest, dass bei der Gewährung der Prämien zwar pflichtwidrig gehandelt und die gegenüber der Mannesmann AG bestehende Vermögensbetreuungspflicht verletzt worden sei, aber bei risikoreichen unternehmerischen Entscheidungen müsse schon eine »gravierendere« Pflichtverletzung stattfinden, um die Angeklagten zu verurteilen. Ackermann und die weiteren mitangeklagten Manager wurden freigesprochen.

Bei der Deutschen Bank hatte man hinter verschlossenen Türen Wetten abgeschlossen. Die wenigsten Kollegen hätten wohl gedacht, dass Ackermann den Prozess überstehen würde. Sie hatten spekuliert, dass er seinen Hut nehmen müsste.

Nicht nur wegen der Tatvorwürfe, sondern auch wegen seines Gebarens in der Öffentlichkeit. Nicht bloß, dass er am ersten Prozesstag die Richterin anpflaumte, er machte zudem mit den anwesenden Reportern Späße, zeigte sich den Prozess über siegesgewiss und reckte sein berühmtes Victory-Zeichen in die Kameras. Ein Bild, das zur Ikone werden sollte. Ja, Ackermann hatte recht behalten. Ja, Ackermann hatte auch recht bekommen. Aber dennoch hatten Tausende Menschen infolge des schlechten Managements ihren Job verloren. Und während für viele Menschen ihre Existenz auf dem Spiel stand, wurden den Architekten dieses Trauerspiels auch noch Millionen Euro als Dank ausgezahlt. Das war schlimm genug. Aber dass Ackermann sich nicht demütig, sondern arrogant in dieser Situation präsentierte, ärgerte die Menschen. Das Bild ging um die Welt. Und es sollte Ackermanns Image lange Zeit prägen.

Die Armee

Wer die Konzernzentrale der Deutschen Bank betritt, der wird im Foyer von einer riesigen, schwebenden Weltkugel begrüßt. Besser könnte das Institut seinen eigenen Anspruch nicht verbildlichen. Deutsch ist nur der Name der Bank. Der Anspruch an die Geschäfte aber, der ist global. Nie wurde das deutlicher als unter der Ägide von Josef Ackermann. Nachdem er den Mannesmann-Prozess – zumindest juristisch – überstanden hatte, führte er seinen Umbau der Bank radikal weiter.

»Shareholder Value« war nun der Begriff der Stunde. Aktionäre sollten mit einer größtmöglichen Gewinnbeteiligung angelockt werden. Je mehr Menschen in die Deutsche Bank investierten, desto mehr Liquidität stand zur Verfügung. Und je mehr Geldmittel vorhanden waren, desto besser würde man in gewinnbringende Produkte investieren können. Dafür musste die Bank allerdings Quartal für Quartal neue Renditemeldungen verkünden. Die Anleger verlangten danach. Alles musste ständig wachsen. Die Bank war gefangen in einem Kreislauf aus Gewinnerwartungen. Und Ackermann war ein Getriebener. Er, der Gewinnorientierte, sah nun die ständige Gefahr, von den konkurrierenden Geldinstituten ausgestochen zu werden, die in anderen Ländern mit hochspekulativen Produkten handelten und noch größere Gewinne einfahren konnten. Er hatte Angst, mit seiner Bank irgendwann nicht mehr wettbewerbsfähig zu sein.

Ackermann nahm jede Chance wahr, die Rendite zu erhöhen, und so nutzte er auch ein politisches Geschenk der rot-grünen Bundesregierung aus. Die nämlich kündigte an, dass Finanzinstitute ab sofort ihre Beteiligungen an der deutschen Industrie steuerfrei verkaufen könnten. Da die Deutsche Bank noch immer extrem viele Anteile hielt, begann jetzt der große Ausverkauf. Ackermann stieß sämtliche Aktien ab und erzielte damit Milliardengewinne. Das Polster, das sich Ackermann so aufbaute, nutzte er wiederum, um das Investmentbanking auszubauen. Und dabei konnte er sich besonders auf eine Gruppe erfolgreicher Banker aus London verlassen. Ihr Anführer hieß Anshu Jain, und die Gruppe war unter dem Namen *Anshus Army* bekannt. Und die Produkte, die sie verkauften, wurden immer komplexer. Besonders gewinnbringend war der Derivatehandel.

Derivate sind im Prinzip Wettscheine. Man wettet zum Beispiel darauf, dass der Wert eines Produktes in den nächsten Monaten und Jahren steigt oder sinkt. Dass etwa eine Währung an Wert gewinnt. Oder ein Lebensmittelprodukt.

Dass Schweinefleisch, das heute 5 Euro wert ist, in einem halben Jahr 7 Euro wert sein wird.

Aber die Derivate wurden immer komplexer. Es wurden immer neue Produkte entworfen. Nicht mehr bloß einfache Wettscheine. Sondern kombinierte Wetten. Schweinefleischwetten kombiniert mit Währungswetten. Es wurden Pakete geschnürt. Und in vielen dieser Pakete fanden sich Hypothekenpapiere, sogenannte Subprimes. In den USA wurden über lange Jahre an einfache Menschen große Hypothekenkredite vergeben. Da die Zinsen aber immer stärker anstiegen, war es von heute auf morgen vielen ärmeren Menschen nicht mehr möglich, die Kredite zurückzuzahlen. Die zugehörigen Schuldscheine wurden weiterverkauft. Und als sie niemand mehr kaufen wollte, wurden sie in Paketen mit besseren Produkten zusammengeschnürt, damit man sie überhaupt loswurde. Eigentlich war ja klar: Irgendjemand würde am Ende des Tages auf diesen Schuldscheinen sitzen bleiben. Sie würden niemals bezahlt werden. Aber die Gier nach immer größeren Gewinnen machte die Händler blind.

Letztlich waren die Händler auch in einer sehr komfortablen Lage, was mit dem sogenannten Eigenhandel zu tun hatte. Die Banken liehen sich untereinander zu extrem günstigen Zinssätzen Geld. So wurden immer höhere Summe in immer riskantere Geschäfte investiert. Anshu Jain machte von London aus riesige Umsätze – und sicherte sich so den Wohlwollen Ackermanns. Es gab Bonuszahlungen von 100 Millionen Euro im Jahr. Für außerordentliche Risiken. Im Gegenzug konnte Ackermann Jahr für Jahr seine gewünschten Gewinnsteigerungen verkünden.

Der Nettogewinn der Deutschen Bank stieg 2004 um 87 Prozent auf 2,55 Milliarden Euro. Die Aktionäre bekamen eine Dividende von 1,70 Euro je Aktie. »Darin zeigt sich, dass wir eine attraktive Ausschüttungspolitik verfolgen und dass wir zuversichtlich sind, weiter profitabel zu wachsen«, sagte Ackermann. Und verkündete ein paar Minuten später, wie er das weitere Wachstum garantieren wollte. Ganz einfach! Es sollten weltweit 6.400 Vollzeitstellen abgebaut werden. Die Aktionäre waren begeistert. Den einfachen Mitarbeitern blieb das Lachen im Halse stecken.

Die Finanzkrise

Ob Ackermann vor seiner süffisanten vorgetragenen Ankündigung, Tausende Stellen streichen zu wollen, wohl den Zettel seines Vaters aus dem Portemonnaie gezogen hat? *In anderer Glück sein eigenes finden ...*

Vielleicht hat er das tatsächlich. Denn die Orientierung verlor Ackermann nicht. Sein Wertekompass unterschied sich allerdings von dem der meisten anderen Leute. In seiner Vorstellung mussten auch Opfer gebracht werden, um das Gesamtwohl des Konzerns zu sichern. Aus seiner Perspektive musste das Wachstum gesichert werden, damit das wackelige Kartenhaus, das er sich aufgebaut hatte, nicht zum Einsturz kam. Denn ohne Wachstumsmeldungen würden die Kunden der Bank ihr Vertrauen entziehen. Und ohne Vertrauen gab es keine neuen Gelder für neue spekulative Geschäfte. Bislang war noch alles gut gegangen. Bislang. Die Sache war nur: Ackermann höchstpersönlich hatte die Bank von einem konservativen Haus in eine moderne, auf hochspekulative Produkte vertrauende Bank umgebaut. Er hatte die Verantwortung für den Erfolg übernommen. Und wer hoch pokert, kann schnell zum Verlierer werden. Das wäre mit seinem Selbstbild niemals vereinbar gewesen. Ein Verlierer, ein Versager. Ackermann wurde zu einem Getriebenen seiner eigenen Dämonen.

Im Jahr 2007 erschütterte ein Beben die Wirtschafts- und Finanzwelt. Das war das eigentlich überraschende an der großen Finanzkrise: dass sie für viele tatsächlich eine Überraschung darstellte. Aus heutiger Perspektive kann man sich nur an den Kopf fassen. Die hochspekulativen, toxischen Produkte, die wie ein Schwarzer Peter weitergereicht wurden, hatten früher oder später doch zwangsläufig ihr Gift entfalten müssen.

Es begann am 9. August 2007. An diesem Tag stiegen die Zinsen für sogenannte »Interbankenfinanzkredite« sprunghaft an. Der etwas umständliche Begriff bezeichnet das günstige Geld, das man sich bislang bei den Finanzinstituten untereinander geliehen hatte. Plötzlich kamen einige Banken in Bedrängnis. Um weiter flüssig zu bleiben, wollten sie die faulen Derivate verkaufen, die sie noch im Portfolio hatten. Aber sie fanden keine Abnehmer mehr. Es war so weit: Der schwarze Peter war lange weitergeschoben worden, und nun wollte ihn niemand mehr haben. Panik brach aus.

Es kam zu einer Kettenreaktion. Die US-amerikanische Großbank Lehman Brothers ging Pleite. Das wiederum wurde nicht nur für einfache Bürger zu einem Problem, die ihre Spareinlagen bei dieser Bank aufbewahrt hatten, sondern auch für viele Firmen, die das Geld verloren, das Lehman Brothers für sie verwaltet hatte. Die Anleger entzogen auch anderen Banken ihr Vertrauen – und ihr Geld. Um einen weiteren Dominoeffekt zu vermeiden, schossen viele Landesregierungen Kapital in ihre angeschlagenen Banken. Weltweit wurden etliche Banken verstaatlicht. Bloß nicht noch eine große Bankenpleite, sagte man sich. Um keinen Preis!

Und plötzlich machte ein neuer Begriff die Runde. *Too big to fail* seien einige Banken. Zu groß, als dass sie kaputtgehen dürften. Die Folgen, so wurde immer wieder gewarnt, seien schlichtweg nicht überschaubar. Doch zumindest die Konsequenzen, die die Rettungsaktionen hatten, waren nachvollziehbar. Die Staatsverschuldung vieler Staaten stieg noch einmal rasant an. Besonders in den USA. Dort prägte sich bald noch ein neuer Begriff ein. Man sprach von einem »Sozialismus für Reiche«. Die Risiken der Privatwirtschaft wurden zu den Schulden der Allgemeinheit. Der einfache Steuerzahler haftete nun für die Versager in den Finanzinstituten, die sich schlichtweg verzockt hatten. Für die Versager, die sich Investmentbanker nannten und zugunsten einer immer höheren Rendite alle Risiken ausgeblendet hatten.

Warum hätten sie auch vorsichtiger sein sollen? Sie hafteten ja nicht für ihre etwaigen Verluste. Sie, die Milliarden verspekuliert hatten, trugen kein Risiko. Und wenn doch eine Bank ins Trudeln geriet, dann sparte man nicht bei den hoch bezahlten Tradern, sondern setzte den Rotstift bei den einfachen Arbeitern an. Und wenn gar nichts mehr zu retten war, dann rettete eben der Staat die Bank. Man fühlte sich unantastbar. Es entstand eine Zwei-Klassen-Gesellschaft. Auf der einen Seite der einfache Steuerzahler. Und auf der anderen Seite die Bankmanager, die mit dem doppelten Netz aus dem Geld der Steuerzahler spielten.

Es kam in dieser Zeit immer häufiger zu Unternehmenspleiten. Vom Bankensektor ausgehend begann nun auch die sogenannte Realwirtschaft zu leiden. Im Jahr 2007 verbuchte der Automobilkonzern General Motors mit 38,7 Milliarden US-Dollar den größten Verlust seiner Geschichte. Der Konzern war mit 185 Milliarden US-Dollar verschuldet. Durch drastisch gestiegene Benzinpreise ausgelöste Verkaufseinbrüche bei SUVs, Vans und Pick-ups sowie durch die allgemeine Kaufzurückhaltung und die für die Konsumenten aufgrund der Finanzkrise kaum noch erhältlichen Kredite sah sich das finanziell stark angeschlagene Unternehmen zu drastischen Sanierungsmaßnahmen gezwungen. Vollkommen egal, ob diese die Insolvenz noch aufhalten konnten oder nicht. 47.000 Menschen verloren ihren Job. 47.000 Menschen wurden ihrer Existenz beraubt. 47.000 Mitarbeiter nur eines einzigen Konzerns. Und es gab unzählige Firmen, die im Zuge der Finanzkrise Insolvenz anmelden mussten.

Während auch in Deutschland nach und nach große Finanzinstitute wie etwa die Commerzbank ins Wanken gerieten, blieb die Deutsche Bank erstaunlich stabil. Und, ganz Ackermann-typisch, ließ es sich Deutschlands berühmtester Banker nicht nehmen, die Stärke seines Konzerns zu betonen. Gelder aus dem neu aufgesetzten staatlichen Hilfsfonds werde er keinesfalls annehmen. Es sei doch schön, wenn für die in Not geratenen Kollegen umso mehr übrigbleibe. Sein Institut, die Deutsche Bank, habe derartige Hilfen nicht nötig.

Eigentlich wäre an einem solchen Verhalten nichts verwerflich. Nur war die Deutsche Bank der finanziellen Schieflage lediglich mit einer gehörigen Position Glück entkommen. Den Investmentbankern war es gelungen, die hochtoxischen Papiere kurz vor Ausbruch der Krise noch loszuwerden – nachdem sie selbst lange Zeit mit ihnen gehandelt hatten. Die Deutsche Bank hatte den Schwarzen Peter an die IKB Deutsche Industriebank weitergeschoben. Und die wurde von den wertlosen Papieren so schachmatt gesetzt, dass der deutsche Staat einspringen musste, um das Institut zu retten. Gutes Timing, könnte man Ackermanns Leuten anerkennend attestieren. Doch am Ende des Tages war ihr ganzes Verhalten, der bloße Fakt, dass sie mit Subprime-Anleihen überhaupt gehandelt haben, verantwortlich für Entstehen und Ausmaß der Krise. Ackermanns Mitarbeiter mussten die Scherben nicht aufwischen, aber sie hatten das zerbrochene Glas mitverursacht. Ackermann wollte das eigene Versagen nicht zugeben – oder er gestand es sich nicht einmal selbst ein.

Im März 2009 profitierte die Deutsche Bank zudem von Staatshilfen der US-Regierung. Sie selbst nahm zwar keine Gelder an. Aber andere Institute, die der Deutschen Bank Geld schuldeten, hielten durchaus die Hand auf. So etwa der angeschlagene Versicherer AIG, der eine ordentliche Summe aus dem Notfalltopf bekam und 9,1 Milliarden Euro gleich weiterüberwies an niemand anderen als die Deutsche Bank. Auch die staatliche Rettung der Bankenholding Hypo Real Estate kam der Deutschen Bank entgegen. 1,8 Milliarden Euro an Verbindlichkeiten wurden Ackermanns Bank zurückgezahlt. Dem Staat und dem Steuerzahler sei Dank.

Im April 2011 veröffentlichte ein Untersuchungsausschuss des US-Senats ein heikles Papier. Der Untersuchungsausschuss befasste sich mit der Finanzkrise. Über zwei Jahre hatten Vertreter von Republikanern und Demokraten 6.000 Dokumente und vertrauliche Mails aus der Finanzindustrie gesichtet. Der Abschlussbericht war 650 Seiten stark. Und sah neben den Ratingagenturen zwei Hauptverantwortliche für den Ausbruch der Finanzkrise: die Investmentbank Goldman Sachs – und die Deutsche Bank. Beide Institute seien »besorgniserregend« mit riskanten Finanzprodukten umgegangen. Als der demokratische Senator Carl Levin den Bericht vorstellte, sprach er von »schäbigen, riskanten und betrügerischen Praktiken«. In Washington erläuterte er weiter: »Der Bericht zeigt, dass die Institutionen Kunden und Öffentlichkeit bewusst getäuscht haben und dabei von ehrerbietigen Regulierern und Ratingagenturen unterstützt wurden.«

Demnach waren die faulen Derivate, die das Finanzsystem zum Wackeln gebracht hatten, vornehmlich in den Investmentabteilungen der Deutschen Bank erdacht worden. Dort hatte man die Pakete erstellt, vermarktet und verkauft. Der Bericht zeigte auch: Der Handel mit den riskanten Produkten war kein Zufall, sondern war ganz bewusst geschehen. So hatte ein ehemaliger Mitarbeiter der Deutschen Bank schon im August 2006 auf das Risiko der hochspekulativen Finanzprodukte, die sich aus festverzinslichen Wertpapieren wie Immobilienkrediten zusammensetzten, hingewiesen. »Diese Sachen werden uns mit sehr hoher Wahrscheinlichkeit um die Ohren fliegen«, hatte der Händler laut dem Bericht des US-Untersuchungsausschusses bei einem Treffen mit Vertretern eines Investmentfonds gesagt. Er ging sogar noch weiter und bezeichnete die Papiere als »Müll«.

Gerade weil ihnen die Risiken offenbar bewusst waren, haben die Händler der Deutschen Bank Wetten auf den Verlust der Papiere abgeschlossen. Sie spekulierten somit gegen Papiere, die sie selbst handelten. Auf diese Weise verdienten sie zwischen 2007 und 2008 rund 1,5 Milliarden Dollar. Goldman Sachs und die Deutsche Bank haben also laut dieser Schilderung bewusst Hypothekenkredite mit hohem Ausfallrisiko in ihren Kreditpapieren verwendet, die sie dann an die Investoren verkauft haben. Allein die Deutsche Bank habe zwischen 2004 und 2008 CDOs im Wert von rund 32 Milliarden Dollar herausgegeben.

Das reichte aus, um am 4. Mai 2011 einen Prozess gegen die Deutsche Bank und eine Tochterfirma zu eröffnen. In Frankfurt war man nervös. Man habe die Finanzkrise doch so gut umschifft, hieß es und verschwieg weiterhin, dass dem Institut vorgeworfen wurde, für die ganze Krise erst verantwortlich zu sein. Die Anklage lautete auf betrügerische Erschleichung staatlicher Garantieleistungen. Das Verfahren wurde ein Jahr später eingestellt. Gegen eine Vergleichszahlung von 202 Millionen Dollar. In der Deutschen Bank atmete man auf. Man war noch einmal mit einem blauen Auge davongekommen. Wohl dem, der für den Notfall ein bisschen Kleingeld auf der hohen Kante hat. Und was sind schon 202 Millionen Dollar, wenn man ansonsten mit mehrstelligen Milliardenbeträgen hantiert.

Sehr bald lief alles weiter wie zuvor. Nach einem weltmarktbedingten leichten Einbruch der Zahlen konnte man schon 2009 neue Gewinne vermelden. Am 25. Juli 2011 gab Ackermann bekannt, dass er im Mai 2012 seinen Posten als Vorstandsvorsitzender aufgeben würde. Seine Nachfolger standen bereits fest. Er übergab die Spitze der Bank Jürgen Fitschen und Anshu Jain. Während Fitschen bislang vor allem für die Firmenkunden der Bank zuständig war, war es Jain, der den Investmentsektor der Bank verantwortete – als Garant dafür, dass Ackermanns gewinnorientierter Kurs mit riskanten Geschäften auch nach seinem Ausscheiden fortgeführt würde.

Das Erbe

Ackermann ging. Aber er hatte der Deutschen Bank längst seinen Stempel aufgedrückt. Als er den Konzern verließ, um Verwaltungsratspräsident bei der Zurich Insurance Group zu werden, hinterließ er einen gut aufgestellten Konzern. Zumindest wirkte es so. Die Bank machte wieder Gewinne. Sie hatte die schwerste Finanzkrise der jüngeren Geschichte relativ unbeschadet überstanden. Ackermann hatte sein Haus also »ordentlich hinterlassen«. Er selbst hatte nichts mit der Finanzkrise zu tun gehabt. Er selbst war kein Versager – Versager, das waren immer die anderen. Das wahre Erbe des Josef Ackermann, das Anshu Jain und Jürgen Fitschen antraten, würde sich allerdings erst nach und nach offenbaren. Und es würde toxisch sein.

2012 wurde bekannt, dass zahlreiche Banken jahrelang die wichtigen Referenzzinssätze LIBOR (»Londoner Interbanken-Angebotszins«) und EURIBOR (Euro InterBank Offered Rate) zu ihren Gunsten manipuliert hatten. Da jede Bank frei über die Zinssätze bestimmt, die für Kredite oder andere Geldanlagen anfallen oder ausgezahlt werden, gibt es keinen weltweit einheitlichen Zinssatz. Da es aber für viele Banken wichtig ist, gerade bei größeren Transaktionen eine Art Richtwert zu haben, ist ein Verfahren entwickelt worden, um die sogenannten Referenzzinssätze zu ermitteln.

Bei dem LIBOR-Zins etwa werden 8 bis 16 repräsentative Banken ausgewählt, die derzeit alle in London sitzen und alle täglich zu einem festgelegten Zeitpunkt ihre bankinternen Zinssätze an einen Dienstleister melden. Bei den gemeldeten Zinsen handelt es sich um die sogenannten Interbankzinsen, also die Zinsen, die eine Bank bei einem Leihgeschäft von einer anderen Bank nimmt und die in der Regel niedriger ausfallen als die Zinsen eines Privatkredits. Bei den Meldungen werden jeweils 25 Prozent der höchsten und niedrigsten Zinssätze herausgenommen, um zu vermeiden, dass die Extremwerte den Durchschnitt zu stark beeinträchtigen. Aus den restlichen Angaben wird ein Durchschnittswert gebildet. Der LIBOR. Und dieser Referenzzinssatz wird jeden Tag neu an alle Banken verschickt. Er kommt meistens dann zur Verwendung, wenn Verträge mit nicht fixen, sondern variablen Zinssätzen aufgesetzt werden. Wenn der Referenzzinssatz höher ist, dann nehmen die Banken bei Kreditgeschäften also auch mehr Geld ein.

Bei dem sogenannten LIBOR-Skandal kam nun heraus, dass zahlreiche Banken tatsächlich über Jahre hinweg den Referenzzinssatz manipuliert hatten. Wie das? Ganz einfach. Sie hatten täglich nicht die tatsächlichen Interbankzinsen übermittelt – sondern sich die passenden Zinsen ausgedacht. Auf diese Weise konnten sie sich untereinander weiterhin sehr günstig Geld leihen, weil die Interbankenzinsen niedrig waren. Aber auf der anderen Seite konnten sie am Privatkundengeschäft mehr Geld verdienen, weil sie durch die Fake-Angaben die Zinssätze hochtrieben. Mit dieser Manipulation soll die Deutsche Bank 500 Millionen Euro erzielt haben. Eine halbe Milliarde.

Im April 2015 verhängten die zuständigen Aufsichtsbehörden der USA und Großbritanniens gegen die Deutsche Bank eine Strafzahlung von 2,5 Milliarden Dollar sowie die Verpflichtung, verantwortliche Mitarbeiter zu entlassen und sich in den USA einer strengeren Überwachung zu unterziehen. Das toxische Erbe Ackermanns wurde allmählich sichtbar.

Noch im selben Jahr folgte der nächste Skandal. Dieses Mal wurde die Sache aufgedeckt vom WDR. In der Fernsehreportage »Verzockt und verklagt – Die ›guten Geschäfte‹ der Deutschen Bank« recherchierten Journalisten, dass es bei der Verbriefung von riskanten Hypotheken zu Betrügereien gekommen war. Nachdem viele US-Amerikaner Hypotheken für ihre Häuser aufgenommen hatten, gerieten sie in Bedrängnis, als die Zinssätze anstiegen. Sie konnten die Raten schlicht nicht mehr zurückzahlen. Diese giftigen Papiere, die auf dem Weltmarkt gehandelt wurden, lösten aber nicht bloß die Finanzkrise aus. Sie zerstörten vor allem die Existenz vieler Menschen. Denn viele der Familien, die ihre Raten nicht mehr zahlen konnten, verloren ihr Haus. Ihr Obdach. In der Reportage wurde nun aufgedeckt, dass eine Deutsche-Bank-Tochter, die

Deutsche Bank National Trust Company, Zwangsvollstreckungen von Häusern durchgeführt hatte – und dabei massenhaft Unterschriften gefälscht wurden. Durch sogenannte Robo-Signings gelang es, die Menschen schneller aus ihren Häusern zu vertreiben. Als Robo-Signing bezeichnete man das unkontrollierte Unterschreiben von Dokumenten. Die Mitarbeiter waren so überlastet, dass sie einfach ohne Prüfung die ihnen vorgelegten Papiere abzeichneten. Wieder einmal waren es Renditeerwartungen, die das Handeln der Banker motivierte. Es ging darum, die Häuser so schnell wie möglich zu Geld zu machen, ganz gleich, wer darin wohnte. Ganz gleich, wer für die Finanzpapiere verantwortlich war, die den lebensbedrohlichen Schlamassel überhaupt ausgelöst hatten.

Die Aufarbeitung der Finanzkrise holte die Deutsche Bank nun immer wieder ein. Immer weitere Verfehlungen wurden aufgedeckt. So bezichtigte der Wirtschaftsjournalist Michael Lewis die Deutsche Bank, vor dem großen Crash im Jahr 2007 sogenannte CDS-Versicherungen im großen Stil an Hedgefonds verkauft zu haben. CDS-Versicherungen sind Versicherungen, die dann einspringen, wenn Kredite nicht mehr bezahlt werden können. Genau das passierte im ganz großen Stil, als Tausende von Amerikanern ihre immer teurer werdenden Raten nicht mehr aufbringen konnten und ihre Häuser verloren. Mit den CDS-Versicherungen wurden die Hedgefonds, die sie verscherbelten, reich. Allerdings musste ja irgendjemand für die extrem hohen Ausfälle bürgen. Und das waren die Investoren der IKB Deutsche Industriebank. Sie hatten darauf gewettet, dass es nicht zu Kreditausfällen kommen würde. Sie hatten die Wette verloren. Und mussten schließlich um ihre Existenz bangen – und konnte letztlich nur mit staatlicher Hilfe ihre Schulden an die Deutsche Bank zurückzahlen.

Aber nein, direkte staatliche Hilfen würde man ja nicht annehmen, hatte Josef Ackermann gesagt. Die Frage ist, ob die Deutsche Bank überleben könnte, wenn sie all die staatlichen Unterstützungen zurückzahlen müsste, die über Umwege bei ihr gelandet sind.

Dennoch feierte man sich selbst weiter. Insbesondere die gewinnbringendste aller Sparten: Das Investmentbanking. Der ausgewiesene Nettogewinn sank 2012 um 85 Prozent auf 665 Millionen Euro. Die Höhe der insgesamt ausgeschütteten Boni sank allerdings nur um 11 Prozent (auf 3,2 Milliarden Euro). Klaus Nieding, Vizepräsident der Deutschen Schutzvereinigung für Wertpapierbesitz (DSW), kritisierte die Zahlenverhältnisse: »Die Höhe der Boni für die Mitarbeiter – vor allem im Investmentbanking – und die Höhe der Dividenden stehen in einem deutlichen Missverhältnis zueinander.«

2014 nahm die New Yorker Staatsanwaltschaft schließlich Ermittlungen auf, um den Verdacht auf Devisen- und Wechselkursmanipulation zu untersuchen. Die entsprechenden Dokumente wurden eingefordert – die Bank selbst äußerte sich dazu bis auf den heutigen Tag nicht.

Sind all diese Verfehlungen nun die Schuld Josef Ackermanns? Natürlich nicht direkt. Aber zumindest indirekt kann man ihm die Verantwortung zuschreiben. Er gab den Takt und den Rhythmus vor und entwickelte die Deutsche Bank von einem konservativen Institut zu einem gewinnorientierten Hochrisikounternehmen. Wenn in einem Unternehmen die Rendite über der Sicherheit steht und die Mitarbeiter für ihre Risikobereitschaft belohnt werden, dann sind die folgenden Skandale und Exzesse nur eine logische Konsequenz. Josef Ackermann war vielleicht nicht für jede Verfehlung im Einzelnen verantwortlich. Aber er trägt die Verantwortung dafür, eine ganze Unternehmenskultur vergiftet zu haben.

Die Implosion

Nachdem die Deutsche Bank nach dem Abgang von Ackermann von Skandal zu Skandal schlitterte, mussten auch seine Nachfolger Jain und Fitschen den Hut nehmen. Fitschen war noch einmal zusätzlich unter Druck geraten. Am 12. Dezember 2012 wurde bekannt, dass gegen ihn ein Ermittlungsverfahren wegen des Verdachts des Umsatzsteuerbetrugs eingeleitet wurde. Fitschen hatte eine fehlerhafte Umsatzsteuererklärung unterschrieben. Allerdings wurde diese von der Deutschen Bank selbsttätig korrigiert. Rund 500 Beamte von Bundeskriminalamt, Steuerfahndung und Bundespolizei durchsuchten Geschäftsräume der Deutsche-Bank-Zentrale in Frankfurt und zahlreiche weitere Geschäftsräume und Wohnungen, unter anderem in Berlin und Düsseldorf. Für Fitschen ein Unding. Er versprühte ein wenig den alten Ackermannschen Geist, als er sich beim hessischen Ministerpräsidenten Volker Bouffier über die – nach seiner Ansicht – »rufschädigende« Razzia beschwerte. Er wurde freigesprochen. Seinen Job behielt er allerdings nicht.

Am 1. Juli 2015 übernahm der Brite John Cryan das Ruder bei der Deutschen Bank. War gerade Anshu Jain noch ein Zögling Ackermanns gewesen, so kannte man Cryan als das genaue Gegenteil des noch immer allgegenwärtigen Über-CEO aus der Schweiz. Cryan war gewissermaßen ein Gegenackermann. Ein Engländer, mit feinem Humor, stets bedacht auf dezente Zurückhaltung. Die großen prahlerischen Auftritte seines Vor-Vorgängers sind nicht seine Welt. Cryan ist niemand, der sich in den Vordergrund stellt. Vielmehr ist er darauf bedacht, still die aufgestauten Probleme zu lösen.

Mitten in der Finanzkrise war Cyran Finanzchef bei der Schweizer Großbank UBS Group AG geworden. Dort hatte er es mit Milliardenverlusten, Bergen toxischer Papiere und dem Verlust von Kundenvermögen in Milliardenhöhe zu tun gehabt. Er hatte harte Sparmaßnahmen mittragen müssen, hinzu gesellten sich Rechtsstreitigkeiten mit den US-Steuerbehörden, die der UBS Vergleichszahlungen von Hunderten von Millionen einbrockten. Oder, wie die *NZZ* es beschrieb: »Cryan durchlebte und überstand ein mehrjähriges Purgatorium. Noch heute fragen sich ehemalige Mitstreiter, ob und wann der Zahlenflüsterer und Asket Cryan in jenen kräftezehrenden Jahren überhaupt gegessen und geschlafen hat.«

Auch für die Deutsche Bank wurde er als Sanierer geholt. Als jemand, der die Skandale der Vergangenheit endlich würde Vergangenheit werden lassen. Die Deutsche Bank, ein altes, stolzes Unternehmen mit 100.000 Angestellten in 61 Ländern, mit 1.300 Tochterunternehmen und einer Bilanzsumme von 1,6 Billionen Euro, wollte endlich raus aus den schlechten Schlagzeilen. Doch das Gegenteil sollte passieren. Und das Martyrium des John Cryan sollte sich wiederholen.

Am 30. Juni 2016 veröffentlichte der IWF eine Untersuchung. Auf Seite 29 fand sich ein Satz, der vieles verändern würde. »Die Deutsche Bank«, stand dort, »tritt als bedeutendster Träger systemischer Risiken hervor.« Die Deutsche Bank also als eine Gefährderbank? Der Bericht legte genau dar, wie sehr das Finanzinstitut mittlerweile global vernetzt war. Mit welchen Unternehmen es verbandelt war.

Tatsächlich ist die Deutsche Bank eine der vernetztesten Banken der Welt. Sollte sie untergehen, würde eine völlig unüberschaubare Kettenreaktion ausgelöst, die weit über das hinausgehen könnte, was damals beim Fall der Lehman Brothers geschah.

Plötzlich gab es wieder Schlagzeilen. War die Deutsche Bank eine Problembank? In Frankfurt versuchte man zu beruhigen. Die Deutsche Bank sei *too big to fail*. Das kenne man doch bereits. Außerdem könne von einem *fail* gar nicht die Rede sein. Man habe alles unter Kontrolle. Die schlechten Schlagzeilen aus der Vergangenheit seien eben genau das: schlechte Schlagzeilen, die vergangen seien. Man wolle sich nun auf die Zukunft konzentrieren.

Doch die Zukunft wurde von der Vergangenheit eingeholt. Nur drei Monate später, im September 2016, erhob das US-Justizministerium Anklage. Der Deutschen Bank wurde vorgeworfen, »mit windigen Hypothekendeals Anleger getäuscht und so zum Kollaps des US-Häusermarktes im Jahr 2008 und damit zur letzten großen Finanzkrise beigetragen zu haben«. Es ging nun also deutlich um das Erbe Ackermanns. Das Ministerium verlangte sagenhafte 14 Milliarden Dollar Entschädigung. Diese Summe überstieg nun selbst die Möglichkeiten der Deutschen Bank. Das wussten auch die Investoren. Und entzogen dem Institut ihr Vertrauen – und ihr Geld. Die Deutsche-Bank-Aktie befand sich auf einmal in einem radikalen Sturzflug. Am 30.09.2016 fiel der Kurs auf ein Rekordtief. 9,91 Euro war eine Aktie bloß noch wert. Zu Ackermanns Zeiten hatte man mehr als das Doppelte dafür zahlen müssen.

Und plötzlich schien alles möglich. Geriet die Bank nun wirklich ins Wanken? Das Institut hätte nun zu einem historisch günstigen Preis übernommen werden können. Vielleicht würde die Deutsche Bank aber auch vom Staat gestützt werden. Sie war doch schließlich zu groß zum Scheitern.

Das Unternehmen selbst war um Schadensbegrenzung bemüht. Die Deutsche Bank war sich bewusst, dass sie die angesetzte Summe von 14 Milliarden Euro in Gänze sowieso nicht zahlen müsse, hieß es. Oftmals wurde in solchen Fällen der Betrag noch einmal nachverhandelt. Tatsächlich war die Deutsche Bank bemüht, die extrem hohe Summe herunterzuhandeln.

Über Wochen sprach der Rechtsvorstand der Deutschen Bank, Karl von Rohr, im US-Justizministerium vor. Man traf sich Tag für Tag in Brooklyn, in einem einfachen Konferenzraum. Man tauschte Positionen aus. Man tauschte Argumente aus. Von Rohr legte seine Ansicht dar. Die US-Behörden ihre. Doch je länger die Verhandlungen andauerten, desto mehr verlor die Deutsche Bank an ihrem wichtigsten Kapital: dem Vertrauen der Kunden.

Das US-Justizministerium bestätigte am 17. Januar 2017 einen bereits im Dezember 2016 von der Deutschen Bank angekündigten Vergleich über insgesamt 7,2 Milliarden Dollar. Rund 6,7 Mrd. Euro. Das war weit weniger als die befürchtete Milliardensumme. Aber immer noch schmerzhaft. »Dieser Beschluss zieht die Deutsche Bank für illegales Gebaren und verantwortungslose Kreditvergabepraktiken zur Verantwortung, die Investoren und der US-Bevölkerung ernsthaften und dauerhaften Schaden zugefügt haben«, erklärte die US-Justizministerin Loretta Lynch, nachdem sie den Kompromiss verkündet hatte. Gemäß diesem Vergleich werde die Deutsche Bank 3,1 Milliarden Dollar Bußgeld und 4,1 Milliarden Dollar als Wiedergutmachung für geschädigte Hausbesitzer, Kreditnehmer und Gemeinden bezahlen.

Doch nicht die eigentliche Schadenssumme war das Problem. Das mangelnde Vertrauen war es. Am 21. März 2018 wurden die neuesten Geschäftszahlen der Deutschen Bank veröffentlicht. Und sie waren eine Katastrophe. Die Erträge der Deutschen Bank waren im ersten Quartal des laufenden Jahres um insgesamt 450 Millionen Euro eingebrochen. Der Aktienkurs brach nach der Meldung nochmals um 6 Prozent ein.

Es scheint, als befände sich die Bank in einer immerwährenden Abwärtsspirale. 188 Filialen sind bereits geschlossen worden. Cryan versucht weiterhin zu sanieren – zu retten, was noch zu retten ist.

Getrieben, seinen Ruf zu retten

Etwa zur selben Zeit geriet auch der Ex-Deutsche-Bank-Chef Josef Ackermann wieder in den Fokus der Medien. Einige Jahre war es ruhig um ihn geworden. Seit Ende 2014 arbeitete er als Aufsichtsratsvorsitzender der Bank of Cyprus. Ein Prestigejob. Allerdings kein Posten im Scheinwerferlicht – das hatte Ackermann hinter sich. Er war gerade 70 Jahre alt geworden und blickte zufrieden auf seine zehn Jahre an der Spitze des größten deutschen Geldhauses zurück. »Ich bin darauf und auf die Leistung meines Teams sehr stolz. Die Deutsche Bank hat damals geschafft, was viele andere vergeblich versucht haben, und ist binnen weniger Jahre in die Topliga der internationalen Banken aufgestiegen. (...) Gewiss waren auch wir nicht ohne Fehl und Tadel und haben Fehler gemacht – welcher Mensch macht keine? –, aber diese hielten sich vergleichsweise doch sehr in Grenzen«, so der Schweizer.

Ackermann schien sich nicht allzu groß verändert zu haben. Eigentlich war er noch immer derselbe. Ein Mann mit einem ganz eigenen Rechts- und Unrechtsbewusstsein. »Ich habe seinerzeit eine Bank an meine Nachfolger übergeben, die für die Zukunft gut aufgestellt war«, betonte Ackermann. »Die Bank erwirtschaftete nach der Finanzkrise erneut stattliche Gewinne in Milliardenhöhe. (...) Kurz, wir haben alles zeitnah korrigiert, was als korrekturbedürftig erkennbar war. Welche Rechtskosten später noch auf die Bank zukommen würden, war bei meinem Ausscheiden noch nicht absehbar. Aber unabhängig davon standen diese einer guten Zukunft nicht im Wege. Man muss sich dazu nur die Wettbewerber vor allem in den USA ansehen. Die hatten ein Vielfaches an Rechtskosten zu verkraften und verdienen dennoch längst wieder prächtig. Das sind die Fakten.«

Ackermanns Nach-Nachfolger Cryan sieht das etwas anders. Erst im Sommer 2017 hat er kritisiert, dass die Deutsche Bank nach der Finanzkrise viel zu spät damit begonnen habe, ihre Probleme zu beheben: »Wir wären heute in besserer Verfassung, wenn wir das, was wir in den vergangenen zwei Jahren erledigt haben, schon vor sechs oder sieben Jahren getan hätten.«

Cryan ist der Mann, der die toxische Vergangenheit hinter sich lassen und einen Weg in die Zukunft finden muss. Und natürlich stellt er sich da auch die alles entscheidende Frage: Wie gehen wir künftig mit dem Investmentbanking um? Dem Arbeitsfeld, das der Bank die ganzen Probleme erst eingebracht hat? Cryan steckt in der Zwickmühle. Noch immer erwirtschaftet der Investmentbereich mit rund 11 Milliarden Euro über 40 Prozent der gesamten Bankeinnahmen. Allerdings sind die Erträge längst nicht mehr so hoch wie einst. Cryan will die Bank schlanker und effizienter machen. Aber dennoch weiß er, dass er jetzt, mehr denn je, auf die Gewinne aus dem Investmentsektor angewiesen ist.

Wiederholt sich Geschichte? Im Jahr 2017 hat die Bank einen Verlust von knapp 0,5 Milliarden Euro eingefahren. Die Bonuszahlungen für Investmentbanker betrugen in diesem Zeitraum etwa 1 Milliarde Euro.

Es sind Probleme, die nicht mehr die Probleme des Josef Ackermanns sind. Auf die Frage, ob die Kritik seines Nachfolgers berechtigt sei, antwortet Ackermann: »Öffentlich mit dem Finger auf Vorgänger oder Nachfolger zu zeigen, ist nicht mein Stil.« Er betont: »Im Übrigen sprechen die Fakten lauter als Worte. In diesem Zusammenhang wird zum Beispiel oft übersehen, dass wir uns, anders als die meisten Wettbewerber, nach der globalen Finanzkrise jahrelang auch noch mit einer schweren Staatsschuldenkrise im Euroraum herumschlagen mussten, die viel Aufmerksamkeit für sich beanspruchte.«

Wenn man Josef Ackermann fragen würde, ob er ein Mann ist, der versagt hat, dann würde er wahrscheinlich lachen und ungläubig den Kopf schütteln. Versagt? Er? Im Gegenteil, würde er sagen. Er war es doch, der seine Vision einer modernen, flexiblen und leistungsfähigen Bank mit Weltformat realisiert hat. Als er angetreten ist, da war die Deutsche Bank nichts weiter als ein einfaches Finanzhaus. Er machte aus ihr ein Weltunternehmen. Wer zum Teufel würde auf die Idee kommen können, ihn einen Versager zu nennen?

Ackermann versuchte, der Deutschen Bank die Größe zu geben, nach der er sich selbst seit Kindheitstagen sehnte. Seit der Zeit, zu der ihm seine schweizerische Heimat zu klein wurde. Seitdem der Bub rauswollte aus Mels. So wie Josef Ackermann sich die Welt eroberte, so wollte er sie für die Deutsche Bank erobern. Ein globales Unternehmen, das in seinen besten Tagen Renditeziele von 25 Prozent realisieren konnte. Wer zum Teufel würde auf die Idee kommen, ihn einen Versager zu nennen?

Vielleicht die Zehntausende von Menschen, die ihren Job verloren haben. Oder die Zehntausende von Menschen, die ihre Häuser verkaufen mussten. Menschen, die in existenzielle Nöte geraten sind. Nur weil das Streben nach Gewinn für einige Leute alles andere in den Hintergrund gerückt hat.

Aber auch hier würde Ackermann wieder einhaken. Es geht nicht um Einzelschicksale, würde er vielleicht einwerfen. Wenn es der Bank insgesamt gut geht, dann können auch insgesamt mehr Menschen arbeiten. Mehr Menschen Geld verdienen. Insgesamt, würde er sagen, habe er mehr Arbeitsplätze gerettet als vernichtet.

Aber stimmt denn das? Tatsächlich hat Ackermann die Deutsche Bank nur für eine kurze Zeit auf Gewinnerlinie gebracht. Er hat die Unternehmenskultur so radikal auf den Kopf gestellt, dass die langfristigen Folgen dieser Fixierung eben schädlich für das gesamte Unternehmen wurden. Er hat kein gesundes Streben nach Reichtum betrieben. Sein Vorgehen war rücksichtslos und unverantwortlich. Die Deutsche Bank steht heute so schlecht da wie selten zuvor in ihrer Geschichte.

Wirtschaftsheld oder Versager? Urteilen Sie selbst.

2. KAPITEL

Der Baumeister – Hartmut Mehdorn

September 2013. Hartmut Mehdorn steht in einem braunen Anzug und mit ergrauendem Haar auf einer kleinen Bühne, irgendwo in den endlosen Weiten des Flughafens Berlin Brandenburg. Ein sonniger Tag, nur ein paar aufziehende Wolken geben einen Vorgeschmack auf den kommenden Herbst. Mehdorn, der Vorsitzende Geschäftsführer der FBB, der Flughafen Berlin Brandenburg GmbH, scheint sich perfekt an das warme Grau und Braun der Kastenbauten um ihn herum anzupassen. An die Farben, die vom Architekturbüro gewählt wurden, weil sie an den Brandenburger Wald erinnern.

Der Wald ist allerdings nicht sonderlich belebt. Unter dem Stacheldraht der Zäune haben sich ein paar Kaninchen hindurchgegraben, ansonsten erinnern die Absperrungen eher an ein Hochsicherheitsgefängnis. Die Gebäude wirken wie Grabsteine. Die verwaisten Ladenfronten und Check-In-Schalter gleichen einer Geisterstadt.

Der Anblick wiederholt sich auf einer großen Leinwand, die hinter Mehdorn aufgestellt wurde. Darauf ist ein Bild des fertigen Flughafens zu sehen. Rote Lettern verkünden: »Familienfest am Flughafen Berlin Brandenburg«. Betont locker bemüht sich der Mann, der als großer Sanierer bekannt ist, um ein positives Image. Auf dem YouTube-Kanal der Berliner Flughäfen wird sein Versprechen verewigt. Und auch die Kameras der Lokalsender sehen zu. Für das Bürgerfest sind Zelte auf die Parkplätze gestellt worden, es gibt Bratwürste und Süßgebäck zu kaufen. Man kann das Terminal besichtigen und mit einem Bus über die Landebahn fahren, um bei sonnigem Himmel die Fassaden der zahlreichen Gebäude zu begutachten. Deren Funktion wird zwar von den Angestellten erklärt, aber von niemanden wirklich verstanden. Ähnlich informativ sind auch die Ausführungen des Flughafenchefs.

»Wir haben keine Geheimnisse«, behauptet Mehdorn von der Bühne herab. Immer wieder betont er, wie wichtig Transparenz sei. Dann zeigt er auf die Fassaden des Terminals, die zwar schön in der Sonne glänzen, eigentlich aber nur eine Elektronik umhüllen, die noch viele Jahre nicht einsatzbereit sein wird. Wie die Leinwand auf der Bühne sind auch die Gebäude im Grunde nur repräsentative Plakate. »Sie sehen den Fortschritt, den wir schon gemacht haben. Aber wie gesagt: *Auf* sind wir noch nicht. Das ist dann die Krone. Daran arbeiten wir schwer. Um möglichst schnell den Flughafen *auf*zukriegen.«

Zehn Jahre nach Planungsbeginn hat der Bau begonnen. Als Mehdorn seine Eröffnungsrede zum beschaulichen Familienfest hält, ist das Projekt schon fast zwanzig Jahre alt. Dass jemand schwer daran arbeitet, den Flughafen »aufzukriegen«, wird höchste Zeit. Es ist immer noch kein Eröffnungstermin in Sicht.

Seit 2013 kann man das scheinbar fertige Gelände besichtigen. Das gepflanzte Gras auf dem Flughafen Berlin Brandenburg ist schon ausgewachsen. Fransig steht es neben den

Straßen, die sich in riesigen Parkhäusern verlieren. 700 Mietwagen sollen hier einmal stehen. Im Moment ist noch alles leer. Die langen Asphaltkilometer der Landebahnen und die Straßen liegen karg und verlassen da.

»Die Frage der Fragen ist natürlich: Wann wird es so weit sein, Herr Mehdorn?« Die Moderatorin des Familienfestes lächelt, auch Mehdorn bleibt sanft und stellt schnell den Blickkontakt zum Publikum her. Als würde er nach etwas suchen. Vielleicht nach Verständnis.

»Die Frage interessiert viele. Sie werden verstehen, dass wir nur dann einen Termin sagen werden, wenn wir sicher sind, dass wir ihn einhalten können. Hier sind zu oft Termine genannt worden, die nachher nur Schall und Rauch waren. Das wollen wir nicht wieder tun. Und insofern werden wir eben erst, *wenn wir sicher sind-* …« Der Satz bleibt für immer unvollendet. Ständig unterbricht Mehdorn sich selbst. Seine Rede steckt voller sprachlicher Fehler und Unreinheiten.

Aber er wäre nicht der Mehdorn, den wir kennen, wenn er es nur bei ungenauen Formulierungen belassen würde. Seine Antworten könnten genauso gut von den SPD-Räten in der Flughafenaufsicht stammen – so diplomatisch, abwiegelnd. Und als Diplomat aber ist Mehdorn nun wirklich nicht verschrien.

»Man muss auch wissen, dass nicht alles von uns, vom Flughafen allein abhängt. Es sind auch noch andere Gesellschaften, Anstalten – TÜV! – viele Leute sind daran *beschäftigt*, außerhalb unserer Einflussnahme. Aber alle zusammen müssen am Ende den Flughafen fertig machen. Aber wenn wir das alles ausreichend geprüft haben, dann sagen wir einen Termin, und dann werden wir aufmachen.«

Erfahrung hat der über 70-Jährige genügend. Das betonte er selbst, als er im März zum Vorsitzenden des Flughafens Berlin Brandenburg ernannt wurde. Trotzdem macht er unter der Sonne des Spätsommers noch immer kein gutes Bild. Er redet frei, aber er stottert und verhaspelt sich ständig. Er schiebt die Verantwortung von sich, vollkommen egal, wohin – obwohl oder gerade weil er erst seit wenigen Monaten auf seinem Posten sitzt. Transparenz bedeutet hier vor allem, die Fehler der anderen zu zeigen.

»Ich sag mal ganz offen, das braucht man nicht verstecken: Pfusch am Bau. Ja. Das hat es hier auch gegeben. Müssen wir jetzt in Ordnung bringen.«

Mehdorn gibt sich entspannt. Gelassen. Seine umständlichen Sätze schießt er aus der Hüfte. Er ist eben kein Mann großer Worte, sondern ein Macher. Und da er am Flughafen noch nicht viel gemacht hat, weiß er, dass man ihm nichts ankreiden kann. An anderer Stelle wird ihm hingegen genug vorgeworfen. Die Bahn. Der Absturz von Air Berlin. Und bald auch: das andauernde Fiasko des Berliner Flughafens, des BER. Korruptionsverdacht, schlampige Baustellen, Missmanagement. Alles, was bei einer Baustelle überhaupt falsch laufen kann. Als neuer Chef steht Mehdorn gern Rede und Antwort, denn noch trifft ihn keine Schuld an der Katastrophe. Genauso wenig wie die Leute, die er eingestellt hat – nachdem alle gefeuert worden sind, die sich auf der Baustelle ein bisschen auskannten.

»Noch eine Blamage wird es nicht geben. Nicht mit mir, nicht mit diesem Aufsichtsrat«, versprach Mehdorn 2013. Ein Satz, der nicht nur auf Kameraband, sondern auch in vielen Presseartikeln verewigt wurde.

Die Planung

An dem Ort, an dem vor 22 Monaten bereits 80.000 Passagiere täglich in ihre Flugzeuge steigen sollten, ist nicht viel zu sehen –

außer Stacheldraht und ein paar Gebäuden. Ursprünglich sollte der Flughafen 2007 eröffnet werden, den ersten repräsentativen Spatenstich gab es im September 2006. Erst dann genehmigte das Bundesverwaltungsgericht in Leipzig den Bau. Mit dabei waren nicht nur die Bauherren Klaus Wowereit, regierender Bürgermeister Berlins, und Matthias Platzeck, Ministerpräsident Brandenburgs, sondern auch Hartmut Mehdorn, damals noch als Chef der Deutschen Bahn. Der ursprüngliche Eröffnungstermin wurde auf den 30. Oktober 2011 verlegt. Dann wurde es 2012. Dann gab es zwei Termine 2013. Beide wurden nicht eingehalten. Danach traute sich niemand mehr, einen neuen Termin zu nennen. Nicht vielen Projekten gelingt es, über Jahre hinweg derart schlechte Schlagzeilen zu produzieren – vor ihrer Fertigstellung.

Die Planung für einen Großflughafen in der Hauptstadt ist eine legendäre Katastrophe, die bereits mit dem Fall der Mauer begann. Bis dahin hatte Berlin zwei Flughäfen: Tegel und Schönefeld. Die Regierung wollte die Kapazitäten bündeln, der Bevölkerung einen großen, leistungsstarken Flughafen bieten. Eine sinnvolle Idee, denn die deutsche Hauptstadt wirkte auch Jahre nach der Wiedervereinigung merkwürdig abgeschottet, schlecht erreichbar im Vergleich zu Städten wie Frankfurt, Düsseldorf oder München, deren Flughäfen international relevant sind.

Aber es war eben auch eine Idee mit fatalen Folgen. Aus dem einstigen Vorzeigeprojekt wurde über die Jahre ein Milliardengrab, eine ewige Baustelle. Wieder und wieder wurden Berge an Steuergeldern hinter die Stacheldrahtzäune gekippt. In ständig neuen Rechtfertigungsversuchen redeten sich unzählige Politiker um Kopf und Kragen. Und einige Personen an der Spitze dieses Projektes wurden als das entlarvt, was sie wirklich sind: Versager.

Der ganze Bau des Flughafens begann mit einer Fehleinschätzung. In den 1990er-Jahren wurde die erste Kalkulation vorgenommen. Der Standort Schönefeld wurde gegenüber dem weiter südlich gelegenen – und weiter von der Hauptstadt entfernten – Standort Sperenberg bevorzugt. Dieser wäre politisch allerdings wesentlich günstiger gewesen, denn 40 Kilometer außerhalb der Stadt hätten sich weniger Anwohner vom Fluglärm belästigt gefühlt. Weniger Bürger hätten umgesiedelt werden müssen. Aber: Der ländlichere Flughafen wäre um 11 Milliarden Deutsche Mark teurer gewesen. Der bestehende Flughafen in Schönefeld, so die damalige Argumentation, müsse lediglich ausgebaut werden. Ein Kinderspiel.

Und sofort wurden in Schönefeld etliche Landstücke für 350 Mark pro Quadratmeter gekauft. Ein horrender Preis – die glücklichen Landwirte zwischen Berlin und Brandenburg verdienten Millionen. Später wurde die Fläche dann gar nicht gebraucht. Der Ankauf geschah, wie sich herausstellte, vollkommen überstürzt. Damals, als das Geld – Steuergeld – hinausgeworfen wurde, gab es noch nicht einmal eine Bauleitung. Heute steht auf dem »Baufeld Ost« ein Aldi.

Nach langem Kampf mit der Bonner Konkurrenz IVG erhielt das Bauunternehmen Hochtief 1999 den Auftrag für das Megaprojekt. Die Essener Firma hatte zuvor den Commerzbank Tower und den Messeturm in Frankfurt am Main gebaut und beendete gerade den Athener Flughafen. Mit der Hochtief entschied man sich für ein in der Leitung von Großbauprojekten erfahrenes Unternehmen, speziell was den Bau von Flughäfen anging. Die Leute würden wissen, was zu tun war, und das war insofern wichtig, als dass selbstverständlich niemand in der Berliner oder Brandenburgischen Landesregierung große Erfahrungen damit hatte, einen Flughafen zu bauen. Genau deshalb werden bei einem solchen Bauprojekt ja gemeinhin Experten engagiert: Politiker sind Politiker – keine Baumeister.

Doch die Justiz erhob Einspruch wegen eines Verfahrensfehlers. Das Brandenburger Oberlandesgericht störte sich an bestehenden Geschäftsbeziehungen. Es ging dabei um Doppelbeschäftigungen, um Aufsichtsräte und Planer, die sowohl in den Tochtergesellschaften von Hochtief als auch für die Flughafengesellschaft arbeiteten, was selbstverständlich eine unzulässige Nebentätigkeit für die Bewerber darstellte. Niemand darf selbst darüber entscheiden können, ob er für ein Milliardenprojekt engagiert wird oder nicht.

Der Auftrag sollte in der Folge doch noch an die Bonner IVG-Gruppe vergeben werden, da die Regierungen kein Vertrauen mehr zum Essener Baukonzern hatten. Doch Hochtief klagte im November 2000 gegen den Ausschluss. Das Gericht gab dem Unternehmen recht, woraufhin die beiden Konkurrenten Hochtief und die IVG ein gemeinsames Konsortium bildeten. Zum Ende der Verhandlung formulierte das Gericht eine – scheinbar naheliegende – Bitte an die beiden Unternehmen, nämlich: »das ehrgeizige Projekt, den Bau des Großflughafens Berlin Brandenburg, nicht weiter zu verzögern«.

Das neue Konsortium unter der Führung von Hochtief und IVG machte ein Angebot von 2 Milliarden Euro für die erste Ausbaustufe des BER. Die Flughafengesellschaft wollte aber nur 1,7 Milliarden zahlen. Die Vergabe musste 2002 abermals verschoben werden. Das Konsortium erhielt als Entschädigung 40 Millionen Euro an Steuergeldern. Die Bauherren hielten an den Kosten von 1,7 Milliarden Euro fest und rechneten mit einer Eröffnung im November 2007.

»Wir bauen den Flughafen in eigener Regie« – die Bestimmung der Aufsichtsräte Klaus Wowereit und Matthias Platzeck ist noch heute in der *B.Z.* nachzulesen.

Als er sein Amt als Bürgermeister antrat, hatte er die Meinung vertreten, die vorherige Regierung habe verantwortungslos gehandelt und sei zu risikobereit gewesen. Was auch immer Wowereit für die Berliner während seiner Amtszeit von 2001 bis 2014 verbessert oder verschlimmert haben mag, in Bezug auf den BER scheint er genauso verantwortungslos gewesen zu sein wie seine Vorgänger. Für Wowereit war der Hauptstadtflughafen ein Prestigeprojekt – und trotzdem war ausgerechnet Berlins Bürgermeister der Mann, der sich am wenigsten mit Ruhm bekleckerte.

Ein Jahr nach dem Baubeginn 2006 wurde auch die letzte Ausschreibung abgebrochen. Dabei ging es um die Konstruktion des Terminals, für die seitens der Politik 630 Millionen angedacht gewesen waren. Die Angebote der Baukonzerne waren mit einer Milliarde alle zu hoch. Sie wurden abgelehnt, wegen angeblicher Preisabsprache. »Die Mittel der Gesellschafter werden nicht erhöht«, versprach Wowereit. Daran erinnert die *B.Z.* noch heute. Gelder sollten gespart werden. Egal, wie unrealistisch die Wunschkalkulationen waren. Der neue Plan sah vor, dass nun sieben einzelne Gewerke statt eines einheitlichen Gesellschafters beauftragt werden sollten. Eine Privatisierung des Flughafens kam nicht mehr infrage. Das bedeutete auch, dass die Kosten allein von Bund und Ländern getragen werden mussten. Die angeheuerten Einzelunternehmen bildeten die Planungsgemeinschaft Berlin-Brandenburg International. Die Schaltstelle der Organisation und damit der leitende Auftragnehmer des Projektes wurde also die Politik selbst. Man könnte auch sagen: Der Bock wurde zum Gärtner.

Die Bauherren

Die Kosten schossen aus dem Boden wie Unkraut. Die Kalkulation stieg von 1,7 Milliarden auf 2 Milliarden Euro. So hoch wie das abgelehnte Angebot des Konsortiums. Weitere 400 Millionen kamen bis zum tatsächlichen Baubeginn im Sommer 2008 hinzu. Im darauffolgenden Jahr waren es 2,8 Milliarden.

Unzählige Fehler in der Ausführung des Projektes schlichen sich ein. Die Ursache hierfür war die mangelhafte Kommunikation zwischen den unterschiedlichen Bauunternehmen und Architekturbüros. Fehler in der Kalkulation verzögerten jeden Schritt. Unterschiedliche Pläne kursierten, deren Inhalte sich teilweise widersprachen. Keine Hand wusste, was die andere tat. Zertifikate und Prüfungen fehlten. Die Gewerke mussten sich gegenseitig hinterherrennen. Von der Baustelle hörte man, dass Wände an einem Tag gebaut und am nächsten Tag wieder abgerissen wurden. Die beauftragten Firmen beschwerten sich bei der Planungsgemeinschaft. Die prüfte und kam zum selben Ergebnis: Es wurden Fehler gemacht. Nur passierte daraufhin nicht viel.

Es herrschte das komplette Bau-Chaos. Die Bauunternehmen warnten schon früh, dass es keinen Platz für Fehler gäbe, dass der Zeitplan nicht einzuhalten sei. Die Baustelle werde in einer Katastrophe münden. Bald gab es niemanden mehr, der den Bau in seiner Gesamtheit noch überblicken konnte, niemanden, der sich in diesem Moment für den holprigen Bau des Großflughafens überhaupt interessiert hätte. Das Versagen der vielen Beteiligten würde sich erst in den Folgejahren herauskristallisieren – und vollends wird sich vermutlich nie aufklären lassen, was damals an welcher Stelle schiefgelaufen ist.

Irgendwann zeigte sich das Ausmaß der Pfuscherei. Die Treppen waren zu kurz. Die Kofferwagen zu klein. Die Gepäckbänder zu eng. Keine Dimension schien angemessen. Man könnte sagen: Der Flughafen Berlin Brandenburg ist die vielleicht größte Arbeitsbeschaffungsmaßnahme, die sich Berlin jemals geleistet hat.

Wowereit und Co. wurde von mehreren Seiten vorgeworfen, in ihrer »Wagenburg« zu sitzen und sich nicht mit den Problemen auf der Baustelle zu befassen. Die Befehle der Bauherren richteten sich blind in Richtung der Arbeiter. Was auf der Baustelle wirklich passierte und was an Informationen von dort zurückkam, schien im Rathaus nie ein Thema zu sein. Nach einer Aufsichtsratssitzung nahm die *Berliner Morgenpost* Wowereits Worte zu Protokoll: »Der Aufsichtsrat kann nicht die Arbeit der Geschäftsführung erledigen.« Nachvollziehbar – schließlich hatte man eine Stadt zu regieren und war beschäftigt.

In besagtem Aufsichtsrat saßen neben zehn Politikern aus Berlin, Brandenburg und dem Bund auch fünf Vertreter der Arbeitnehmer. Leider scheint dieser umfangreiche Rat nicht sonderlich viel beaufsichtigt zu haben. Dass man mit den Aufgaben überfordert war, mag man den Mitgliedern eigentlich nicht vorwerfen – schließlich hatte niemand je ein vergleichbares Großbauprojekt betreut. Die Profis aber, die man mit der Umsetzung beauftragt hatte, galten schlicht als zu teuer. Und dass gerade komplizierte Baustellen in der Regel nicht billiger werden, wenn man die etwas preisintensiveren Angebote der wirklich professionellen Unternehmen ablehnt – das hätte man ahnen können.

An die Öffentlichkeit gelangte erst einmal recht wenig. Man betrieb Augenwischerei: Weil der Flughafen größer gebaut werden sollte als ursprünglich geplant, würde er eben auch teurer werden. Von den monatelangen 24-Stunden-Schichten auf dem Flughafen wurde nicht geredet. Nicht davon, dass die Zeit bis zur Eröffnung von vornherein knapp berechnet worden war und nun sogar sonntags gearbeitet werden musste. Dass dadurch Zuschläge entstanden, die weitere Gelder verschlangen. Dass in der Hektik weitere Fehler gemacht wurden, deren Bereinigung Jahre kosten würde.

Im Berliner Abgeordnetenhaus fand Jochen Esser von den Grünen klare Worte, um die Strategie der Regierung zu beschreiben: »Man startet mit einem unrealistischen Zeitplan und einer Planungssumme, von der man weiß, dass sie zu niedrig ist. Man vertraut darauf, dass es irgendwann kein Zurück mehr gibt und niemand einen halb fertigen Flughafen stehen lässt.«

Keine schlechte Strategie. Man kaufte einen billigen, unrealisierbaren Flughafen und nahm die dafür verschleuderten Steuergelder als Geisel, um noch mehr für den echten Flughafen auszugeben, der so vorab niemals bewilligt worden wäre.

Die Kritik von der Seite der Grünen kam wenig überraschend. Die politische Lage war kompliziert. In Berlin gingen Gerüchte um, dass Wowereit sich zur Wahl 2011 für eine Große Koalition mit der CDU entschieden hatte, weil er die Schwarzen im Kampf um den Flughafen nicht gegen sich haben wollte. Die CDU nämlich würde klein beigeben müssen, um in die Regierung zu gelangen. Die Gefahr, ein einstmals CDU-geführtes Berlin an Rot-Rot-Grün zu verlieren, war einfach zu groß.

Die Eröffnung wurde 2011 um ein weiteres Jahr nach hinten verschoben. Langsam fiel der Bevölkerung auf, dass der versprochene Flughafen immer noch nicht fertig war. »Der

Inbetriebnahmetermin 3. Juni 2012 ist unwiderruflich«, sagte der damalige Co-Geschäftsführer und Technikchef Manfred Körtgen. Ihm wurde wenig später gekündigt. Im Bundestag fielen sich die Politiker gegenseitig an. Längst ging es nicht mehr ausschließlich darum, einen Flughafen zu bauen. Die Interessen waren zu verschieden. Renate Künast, Fraktionsvorsitzende vom Bündnis 90/Die Grünen platzte der Kragen. Sie wolle sich nicht mit Körtgen als Bauernopfer zufriedengeben, erklärte sie und griff öffentlich nun Peter Ramsauer an, der als Bundesverkehrsminister ebenfalls Mitglied des berühmten BER-Aufsichtsrates war. Der Bund war immerhin mit 26 Prozent an dem Projekt beteiligt. Berlin und Brandenburg – und die dort ansässigen Steuerzahler – teilten sich die restlichen Kosten. Ramsauer fühlte sich ganz offensichtlich aber wenig verantwortlich. Auf Künasts Vorwürfe hin kratzte er sich nur unbeeindruckt an der Nase.

Auf der Baustelle vermisste man unterdessen das »Bauernopfer« Körtgen nicht. Was hauptsächlich daran lag, dass er ohnehin kaum vor Ort gewesen war. Die *Frankfurter Allgemeine Zeitung* berichtete, dass sein Spitzname unter den Arbeitern »Di-Mi-Do-Manager« gewesen war, weil das die einzigen Tage in der Woche gewesen waren, an denen er sich auf der Baustelle blicken ließ: Dienstag, Mittwoch, Donnerstag.

Die restlichen Tage verbrachte der technische Leiter scheinbar damit, seine Doktorarbeit zu schreiben. Mit Ende fünfzig wollte er noch einmal promovieren. Das Thema der Arbeit: genau die Baustelle, auf der er so selten zu sehen war. Mit 193.000 Euro auf die Hand verließ er das Großprojekt BER. Ein nettes Taschengeld für ein Bauernopfer.

Körtgens Nachfolger Horst Amann gab sich anfangs realistisch. »Der Eröffnungstermin 27.10.2013 steht, er ist aber kein Selbstläufer.« Wowereit ging damals noch fest von einer

»Erfolgsgeschichte« aus. »Eine nochmalige Verschiebung können wir uns auch für das Image des Landes nicht leisten«, fügte sein Parteikollege Matthias Platzeck, damaliger Ministerpräsident Brandenburgs, hinzu.

Der *Spiegel* berichtete von Klaus Wowereits Besichtigung des Towers 2012. Die Deutsche Flugsicherung baute den Turm für knapp 37 Millionen Euro selbst. Der Tower ist 72 Meter hoch und damit der zweitgrößte in Deutschland. Nach Düsseldorf. Immerhin ein Meter höher als der Turm in Frankfurt! Viel höher muss er nicht sein, denn Brandenburgs Flachland scheint ideal für einen Flughafen. Alles ist übersichtlich. Von dort oben betrachtete der Bauherr den beinahe fertigen Flughafen. Er war zufrieden. Lächelte, nickte. Dann, auf dem Weg nach unten, blieb Wowereit im Aufzug stecken.

In Wahrheit war der Flughafen am 8. Mai 2012 nur zur Hälfte fertig. Die Technik funktionierte bei einem Testlauf gerade einmal zu 57 Prozent. Tragende Pfeiler hatten zehn Zentimeter tiefe Risse. Baumaterial und die handwerkliche Qualität der Arbeit stellte sich an allen Ecken als minderwertig heraus. Es war eben niemand da gewesen, der auf die nötige Sorgfalt am Bau geachtet hatte.

Für die engagierten Firmen vor Ort stellte sich der Auftrag als Festmahl heraus. Siemens trug infolge der eigenen Pannen keinen Schaden davon. Der ursprüngliche Auftrag an den Technologiegiganten umfasste eine Pauschalzahlung von 9,7 Millionen Euro. In den nächsten zehn Jahren würde sich der Sold der Firma auf 95,5 Millionen Euro verzehnfachen.

Der BER war ein politisches Instrument. Er musste gut aussehen. Nicht gut funktionieren.

Politik hält immer nur bis zur nächsten Wahl. In Berlin und Brandenburg umfasst dieser Zeitraum fünf Jahre. Im Bund nur vier. Einen Flughafen zu bauen, braucht aber wesentlich länger – länger, als ein Politiker an der Macht ist. Ob ein solches Großprojekt jemals fertiggestellt wird, kann dem Politiker im Grunde egal sein. Ein Großprojekt wie der Flughafen Berlin Brandenburg ist eine heiße Kartoffel, die niemand lange in der Hand halten will. Als klar wurde, dass die Eröffnung nicht in absehbarer Zeit stattfinden würde, stand sofort auch die Angst vor den explodierenden Kosten im Raum. Die bereits fertiggestellten Anlagen würden geputzt werden müssen, gewartet werden, der Verfall durch Stillstand müsste aufgehalten werden. Die Terminalzüge müssen fahren, um Schimmelbildung zu vermeiden. Von den entgangenen Mieten ganz zu schweigen. Jeder Tag der Verzögerung würde bis zu 1 Million Euro Schaden bringen. Und wer würde dafür aufkommen müssen? Der Steuerzahler. Also der Wähler. Kein Wunder, dass jeder Politiker die heiße Kartoffel so schnell wie möglich aus der Hand warf.

Die Öffentlichkeit erfuhr vor allem von zwei der vielen Teilbaustellen: der Brandsicherung und der Lärmbelästigung. Der Lärm des Flughafens würde vor allem die Anwohner belästigen. Das nicht funktionierende Notfallsystem hingegen war schlicht fahrlässig und stellte eine Gefahr dar für jeden Arbeiter und Fluggast. Im Fall eines Brandes würden die Brandklappen geschlossen bleiben, da das System von fünf unterschiedlichen Unternehmen installiert und nicht ordentlich in Betrieb genommen worden war. Es gab eine Software, die nicht zu den Kabeln passte, und die Kabel hatten nicht genug Platz in den dafür vorgesehenen Deckenschächten. Einige Bauteile der Brandsicherung waren zudem nicht zertifiziert. Es hatte den Anschein, als müsste das ganze System noch einmal neu gemacht werden.

Großartigerweise fand man jedoch eine ganz einfache Lösung. Man beschloss, eine Vielzahl von Brandwächtern zu engagieren. Die würden dann rund um die Uhr auf dem ganzen Flughafen patrouillieren und nachschauen, ob es irgendwo brannte. Im Notfall würden sie eine Tür öffnen, damit der Rauch abziehen und die 80.000 Fluggäste entkommen könnten. Es wurden weitere 7 Millionen Euro bewilligt, um dort, wo die Technik versagt hatte, per Hand eingreifen zu können.

Das Chaos

Das Chaos rund um den Flughafen war ein gefundenes Fressen für die Geier. Denn jedes Chaos öffnet die Türen zur Korruption. Imtech war eine der Firmen, die zunächst engagiert worden waren, um das Brandsystem zu überarbeiten. Das große niederländische Unternehmen war vermeintlich Experte für Energie- und Gebäudetechnik, doch das, was Imtech in Berlin tat, hatte mit Expertentum wenig bis gar nichts zu tun. Die installierten Rauchmelder waren nicht betriebsfähig, und das Steuerungssystem der Entrauchungsanlage ließ sich nicht bedienen – weil die beiden Steuerungskästen so nah aneinander gebaut worden waren, dass sich die Türen in die Quere kamen. Man konnte die Steuerungskästen nicht öffnen. Klingt nach einem lustigen Scherz, ist aber wahr.

Durch den enormen Druck, den Flughafen fertigstellen zu müssen, fielen die meisten baulichen Probleme gar nicht auf. Tatsächlich wurden den Firmen für ihre Inkompetenz noch umfangreiche Beschleunigungsgelder gezahlt. Imtech nahm die Geschenke nicht bloß dankend an, sondern biss die fütternde Hand. Das Unternehmen stellte immer höhere Forderungen.

Laut Berichten der *ZEIT* floss Geld von Imtech an einen Bereichsleiter des Flughafens. Ende 2012 sollen an einer Autobahnraststätte 150.000 Euro die Hände gewechselt haben. Interne Prüfungen wurden fallen gelassen. Rechnungen wurden bezahlt. Imtech bekam einen aus Steuergeldern finanzierten Vorschuss von 65 Millionen Euro. Man hatte keine Wahl – Imtech war seit Jahren ein integraler Bestandteil des Baus. Wenn das Unternehmen aufhören würde zu arbeiten, würde es eine Lücke in dem ohnehin unübersichtlichen Organisationschaos hinterlassen. Der Fall war klar: Hätte Imtech das Geld nicht bekommen, es wäre gar nichts mehr gegangen.

Bei Imtech Deutschland brauchte man nicht lange, um sich zu überlegen, was man mit dem Geld machen könnte. Man zahlte ganz einfach Steuern. Dem Fachmagazin *Finance* zufolge überwies das Bauunternehmen Umsatzsteuer für Rechnungen, die nie gestellt wurden. Diese Fake-Rechnungen dienten einem ganz besonderen Zweck: Einen höheren Umsatz vorzugaukeln, um höhere Bonuszahlungen für die Vorstände zu generieren. Natürlich entstand so eine weitere Blase, die irgendwann zu platzen drohte. Es kam zu Kündigungen. Und als die falschen Umsätze bekannt wurden, fragte Imtech mit gewohnt offener Hand bei der Regierung an, ob man die »irrtümlich« gezahlte Umsatzsteuer jetzt nicht zurückhaben könnte.

2012 veröffentlichte der *Spiegel* einen Artikel über die zahlreichen Verzögerungen. »Niemand kann zurzeit sagen, wann Wowereits ›leistungsstarker Flughafen‹, der eigentlich am 2. Juni öffnen sollte, ans Netz gehen wird: im Herbst, zu Weihnachten oder erst im kommenden Jahr?«

Im Dezember wurde klar, dass bereits vier Menschen auf der Baustelle ums Leben gekommen waren. Eine fallende Baggerschaufel, eine Gummiradwalze und zwei tödliche Stürze waren die Ursache gewesen. Nach Angaben des Flughafens waren in allen Fällen die Sicherheitsregeln vonseiten der Arbeiter missachtet worden. Viele weitere wurden in Hunderten von Unfällen verletzt.

Im November ging dann das Geld aus. Die Landesregierungen und der Staat versprachen zusätzliche 1,2 Milliarden Euro. Immer mehr Gelder mussten beschafft werden, immer weitere Verzögerungen und immer mehr Beteiligte kamen dem Fiskus teuer zu stehen.

Als auch der Termin 2013 verschoben werden musste, nahm Platzeck Wowereits Stelle als Aufsichtsratschef ein. Das war nach dem vielen Hin und Her des SPD-Bürgermeisters mehr als nachvollziehbar. Allerdings musste Platzeck den Job aus Gesundheitsgründen noch im selben Jahr wieder zurückgeben. Wäre Wowereit nicht erneut Leiter des Aufsichtsrates geworden, hätte er sich ganz von dem Projekt verabschiedet. Zumindest erzählte das sein »engeres Umfeld«, wie der *Spiegel* schrieb. Wowereit wollte Vorstand werden oder gar nicht dabei sein. Dass man sich auf diese Drohung einließ, hatte einen guten Grund: Bevor Platzeck zurücktrat, hatte er den Chefposten der Geschäftsführung des Berliner Flughafens an Hartmut Mehdorn übergeben. Und gegen Mehdorn brauchte man einen »Machtmenschen«.

Der Bauingenieur und der Jurist begegneten sich nicht zum ersten Mal. Schon in seiner Zeit als Bahn-Chef hatte sich Mehdorn erbitterte Machtkämpfe mit Wowereit geliefert. Mehdorn hatte wohl mit der Bahn nach Hamburg umziehen wollen. Wowereit ließ ihn scheinbar nicht gehen. Insider behaupteten, der Berliner sei nur froh gewesen, als Mehdorn 2009 zurücktrat.

Und mit dieser Vorgeschichte und dem entsprechenden Gefühl im Magen trafen sich die beiden 2013 wieder. Vor der Kamera des öffentlich-rechtlichen Fernsehens war die schlechte Stimmung deutlich zu spüren. »Erst mal bedanke ich mich beim Aufsichtsrat ganz artig für das ausgesprochene

Vertrauen, mich hier in dieser Funktion einzusetzen.« Mehdorns Unbehagen, öffentlich zu sprechen, schlug sich wie immer in seinem eigenartigen Satzbau nieder. »Was wir uns wünschen, ist, dass Sie uns vielleicht in der Zukunft mit dem, was wir tun, ein bisschen mit Vorschusslorbeeren versehen.«

»In der Tat, er hat Ecken und Kanten«, sagte Wowereit daraufhin, »und die werden wir ihm auch nicht mehr abschleifen, nehme ich an.« Dementsprechend werde es Spannungen geben, die aber produktiv sein würden. Darauf freue er sich.

Die versprochenen Spannungen sollte es geben. Produktivität hingegen würde man später kaum beobachten. Und Freude? Die dürfte wohl niemand empfunden haben.

»Ich glaube, ich habe eine gewisse Erfahrung im Handeln großer Unternehmensstrukturen, in komplexen Projekten«, erklärte Mehdorn auf Anfrage der Berliner Zeitung.

Die Erfahrung konnte man Mehdorn sicherlich nicht absprechen. Die Bahn, Air Berlin – das waren zweifellos alles große Strukturen, die viel Geschick an der Spitze erfordern. Allerdings stellt sich aus heutiger Sicht die Frage, ob ausgerechnet Mehdorn dieses Geschick zu bieten hatte. Oder wie er selbst es bescheiden formuliert hätte: »Ich kann auch nicht zaubern. Das muss man auch mal sagen.«

Der Sanierer

Mehdorn kennt man heute in erster Linie noch als ehemaligen Chef der Deutschen Bahn. Zehn Jahre lang schickte er die rot-weißen Züge durch die Bundesrepublik – dann wurde 2009 der Druck in der sogenannten Datenaffäre zu groß, bei der das Unternehmen mehr als 173.000 Mitarbeiter heimlich ausspitzelte.

»Selbstverständlich trage ich als Vorsitzender die Gesamtverantwortung für das, was in der Deutschen Bahn AG passiert oder eben nicht geschieht. Und zwar unabhängig davon, ob ich Dinge gewusst habe oder nicht. Dieser Verantwortung will ich mich nicht entziehen. Das habe ich noch nie gemacht«, sagte er und trat zurück. Mit 4,8 Millionen Euro Abfindung in der Tasche.

Erst 2011 kehrte er ins Rampenlicht zurück. Als neuer Chef der Air Berlin, einem Unternehmen, das sich damals schon im Gleitflug abwärts befand. Mehdorn war ohnehin Mitglied des Aufsichtsrates gewesen, und er hatte, so gab er es in Interviews zu Protokoll, schon immer mal eine Fluggesellschaft leiten wollen. Dieser Traum wurde ihm nun erfüllt. Mehdorn sollte die Gesellschaft sanieren und abgeben. Möglichst schnell, drei Monate waren anvisiert, in denen Mehdorn 600 Millionen Euro Schulden würde ausgleichen müssen. Es dauerte 15 Monate, dann gab Mehdorn das Ruder weiter. Später würde er sagen, dass die Sanierung bei Air Berlin von jemanden gemacht werden müsse, der langfristig im Amt bleiben könne. Der Sanierer hatte beschlossen, dass in diesem Fall nicht er selbst sanieren wollte. Glücklicherweise saß zu diesem Zeitpunkt gerade Platzeck im Aufsichtsratsvorstand beim BER und wusste sogleich ein neues Betätigungsfeld für Mehdorn.

Und dort, beim Flughafen Berlin Brandenburg, entbrannte also ein alter Konflikt aufs Neue. Mehdorn gab zu grobe Kalkulationen ab, pochte auf eine schrittweise Eröffnung des neuen Flughafens, und Wowereit verweigerte sich den Vorschlägen. Gestützt wurde Berlins Bürgermeister dabei von anderen Politikern, etwa von Anton Hofreiter von der Grünen Opposition im Bundestag.

Gleichzeitig versuchte Wowereit den Technikchef Amann vor Mehdorns Einfluss zu schützen, aber umsonst. Der SPDler konnte sich nicht durchsetzen, und ein weiteres Mal wurde eine wichtige Führungskraft mit tatsächlichem Überblick gefeuert. Wowereit sprach natürlich von »gegenseitigem Einvernehmen«.

Was immer die Gründe für Amanns Entlassung gewesen sein mögen, die Folgen waren klar: Mehdorn übernahm die Aufgaben des Technikchefs.

Er verstand sich wohl als »Macher«. Was dem Anschein nach nichts anderes bedeutete, als dass er machen konnte, was er wollte. Immerhin: Mehdorn ließ sich nicht von den Worten der Politiker beeindrucken, sondern arbeitete direkt am Flughafen.

Wie viel Mehdorn am BER tatsächlich verbessert, wie viel er verschwendet und wie viel er verbaut hat, wird im Nachhinein wohl kein Mensch je überblicken können. Fest steht nur, dass die Dinge sich wieder in Bewegung setzten. Nur nicht immer vorteilhaft. Beispielsweise unterschrieb er einen Vertrag mit Siemens. Er engagierte den Konzern, um das Kabelchaos zu ordnen, die Brandschutzanlage komplett auseinanderzunehmen und noch einmal neu zusammenzubauen. Es ging dabei um das System, das zuvor von Siemens selbst errichtet worden war. Internen Berichten des Unternehmens zufolge sollte die Brandschutzanlage auf keinen Fall vor Anfang 2015 betriebsbereit sein.

Aber selbst dann eröffnete der Flughafen noch nicht. Und Mehdorn trat ein drittes Mal von der »Behandlung« einer der großen Unternehmensstrukturen zurück, mit denen er so viel Erfahrung hatte. Eine Erfahrung, die das Scheitern inzwischen serienmäßig einschloss.

»Als ich kam, bin ich gekommen, um da aufzuräumen. Um die Baustelle in Ordnung zu bringen«, erklärte er im gewohnten Klartext in der Abendschau des *RBB-Studios*. Imtech und die Schmiergelder, die ein Bereichsleiter an einer Autobahnraststätte im Empfang genommen haben sollte, spielten dabei natürlich eine Rolle. »Ziemlich früh nach meinem Antritt habe ich diesen Mann aus der Baustelle entfernt, weil eine Reihe von Sachen da nicht ordnungsgemäß gelaufen sind. Und da habe ich mehrere Leute *eben rausgetan.*«

»Aber Sie haben von den neuen Ermittlungen schon gewusst, als Sie Ihren Job zur Verfügung gestellt haben?«, fragte die Moderatorin den inzwischen grauen Manager.

»Nein! Nein, noch nicht. Da gab es immer anonyme Hinweise. Es betrifft ja nicht uns.«

Bei »uns« legte Mehdorn die Hand auf die Brust. »Es betrifft ja die Firma Imtech in Kiel. Dieser Mitarbeiter war zeitweise beschäftigt und hat in dieser Zeit ... – offenbar steht er im Verdacht, wir wissen es ja noch nicht endgültig, da Geld angenommen zu haben, oder versucht zu haben, zu bekommen. Wir haben ihn aus der Firma rausgenommen. Fertig.«

Erst im Laufe des Jahres würde sich herausstellen, wie skrupellos das Großbauunternehmen das Geld von Ländern und Bund abgesaugt hatte. Im Jahr 2015 hatten es allerdings schon drei Staatsanwaltschaften auf Imtech abgesehen. Und es ging um mehr als nur den BER.

»Die Frage ist ja, ob Sie mit der Firma weiter zusammenarbeiten können.«

»Die Firma hat sich in der Zwischenzeit völlig erneuert. Sie hat ein völlig neues Management. Sippenhaft ist in Deutschland abgeschafft worden. Also da jetzt gleich das Kind mit dem Bade auszuschütten, das wäre es nicht. Es gibt keinen finanziellen Schaden für die Firma FBB. Das, was da untersucht wird – wir haben Bankwirtschaften dagegen. FBB wird nie einen Schaden nehmen können.«

»Die Flughafengesellschaft Berlin-Brandenburg?«

»Ja, die ist da frei. Es wird da keinen Schaden geben.«

Nur wenig löste im Jahr 2015 beim Zuschauer ein solches Unbehagen aus wie das Wort »Bankenwirtschaft«. Nach der Finanzkrise und der Eurokrise gab es keine Branche, die einen so schlechten Ruf genoss wie die Kreditinstitutionen. Dass die einzige Sicherheit einiger Banken die konstanten Rettungspakete des Staates waren, ließ sich längst nicht mehr bezweifeln. Mehdorn allerdings schien zu glauben, die Öffentlichkeit ließe sich dadurch beruhigen, dass seine Misswirtschaft durch das Steuergeld der Banken abgesichert wurde.

»Und im Übrigen, wir sind mit dem Flughafen mit unserem Terminplan so weit, dass wir im Frühjahr nächsten Jahres baulich fertig sein werden. Dann ist auch diese Firma sowieso fertig.« Mehdorn versuchte im Hauptstadtstudio, das Thema zu wechseln. Auf einen Eröffnungstermin konnte er sich jetzt problemlos festlegen, er würde ihn nach seinem Rücktritt ja selbst nicht mehr einhalten müssen.

»Was heißt das für den Eröffnungstermin? Kippt der noch mal?«

»Nein, der kippt nicht. Den haben wir jetzt eineinhalb Jahre mit vielen, vielen – auch mit den Firmen, die bei uns arbeiten – im Detail erarbeitet. 3.800 einzelne Zeilen, die wir jeden Donnerstag im großen Kreis *monitoren,* und da entgeht uns nichts mehr. Wir kennen jetzt jeden Winkel in diesem Flughafen. Jede Aktion. Dieser Terminplan, das sage ich allen Berlinern, das sag ich unserem Aufsichtsrat, der Regierung, dieser Terminplan ist sicher. Mitte 2017 werden wir in Service gehen.«

»Aber ohne, dass wir den Flughafen haben, hat er uns schon so viel gekostet. Mit diesem Geld hätte man natürlich eine Reihe wichtiger Dinge in Berlin machen können.«

»Das glaube ich nicht. Was Wichtigeres, als einen neuen Flughafen, kann es für die Stadt nicht geben, weil es für die Wirtschaft dieser Stadt extrem wichtig ist.«

So die Worte des Managers. Die Wirtschaft war das Einzige, was zählte. Jede Investition war sinnvoll und gut. Andere Prioritäten konnte es gar nicht geben.

»Ich bestreite nicht, dass in der Vergangenheit Fehler gemacht worden sind. Nicht von mir. Ich bin dahin geholt worden, um das zu reparieren. Wenn ich Zeitung lese, denke ich immer, ich hätte das Ganze eingebrockt. Nein, nein! Ich bin da, um das zu reparieren. Das haben wir gemacht. Wir haben die Baustelle neu aufgestellt. Wir haben ein vollständiges neues Management eingebaut. Wir haben die Kosten in Ordnung gebracht. Wir wissen auf Heller und Pfennig, was das kostet. Ich übergebe eine geordnete Baustelle, ein geordnetes Unternehmen, an meinen Nachfolger.«

Der Flughafen

Derweil bereicherte sich Imtech weiter an dem Chaos. »Geld mit Stillstand zu verdienen ist die Königsdisziplin von Imtech«, sagte ein Bauamtsmitarbeiter der *ZEIT*. Das Prinzip war ein einziges Aufblasen. Ein Auftrag produzierte zusätzliche Kosten, keinen Gewinn. Also wurden neue Aufträge an Land gezogen – oft mit dubiosen Machenschaften –, um den vorherigen zu bezahlen. Dadurch waren natürlich die Kosten der neuen Aufträge nicht gedeckt und man musste noch mehr Geld erwirtschaften. Es war ein sich auftürmender Schuldenberg, den der Großflughafen zu tilgen helfen sollte.

Imtech ging im Jahr 2015 insolvent. Die Beteiligten der Bestechung durch Imtech wurden zu Freiheitsstrafen verurteilt. Dreieinhalb Jahre für den Bereichsleiter des Flughafens, ein Jahr und elf Monate für Klaus Betz, den Vorsitzenden der Geschäftsleitung von Imtech Deutschland. Betz berichtete, dass seine Unternehmen durch illegale Machenschaften insgesamt 100 Millionen Euro für den Mutterkonzern in Holland erwirtschaftet hatten.

Auch ohne Blutsaugerfirmen wie Imtech ging es beim Milliardengrab BER nur schleppend voran. 2016 interviewte das *PR-Magazin* den Pressechef des Flughafens, Daniel Abbou. Der gute Mann wurde nach dem Interview umgehend gefeuert. Er hatte die Stelle erst ein Jahr zuvor angetreten und tatsächlich für Transparenz sorgen wollen. Seine Herangehensweise war nachvollziehbar: 2015 waren bereits so viele Milliarden in den Sand gesetzt worden, dass es praktisch keine andere Möglichkeit mehr gab, als die Verfehlungen ehrlich auf den Tisch zu legen. Jedem denkenden Menschen musste klar sein, dass diese Verfehlungen zahlreich waren.

Abbou war zuvor stellvertretender Regierungssprecher des Finanz- und Wirtschaftsministeriums gewesen. Er war kein Anfänger. In dem Interview, das er im April gegeben hatte, tat er genau das, was er für richtig hielt: Er sagte die Wahrheit. Seine Zitate gingen durch die gesamte einschlägige Presse. »Früher wurde meist gesagt: Nein, es ist alles gut. Das ist Bullshit. Bekenne dich dazu, wenn etwas Scheiße gelaufen ist.« Auf diesen programmatischen Satz folgte: »Kein Mensch, der nicht medikamentenabhängig ist, gibt Ihnen feste Garantien für diesen Flughafen.« Der letzte Satz des Interviews stellte sich allerdings als falsch heraus: »Bis zur Eröffnung, wann auch immer, werde ich dabei sein.« Die Politik der offenen Tür hatte sich schnell wieder erledigt.

Heute ist der Berliner Flughafen immer noch ein Witz. Die Webseite *www.istderBERschonfertig.de* zeigt ein großes »Nein«. Darunter findet sich die aktuelle Berichterstattung und ein kleines Kästchen mit der Aufschrift: »403 Euro kostet der BER jeden Berliner bisher.« Weiter unten werden die

Tage seit der Nicht-Eröffnung gezählt. Inzwischen sind es weit über 2.000.

Das Geld der Flughafengesellschaft reichte bis 2017. Der Eröffnungstermin wurde im Dezember 2017 auf Oktober 2020 verschoben. Diesmal handelte es sich nach Aussagen des neuen Flughafenchefs Engelbert Lütke Daldrup nicht um einen politischen Termin, man verfüge stattdessen über ausreichend Puffer. Der verlängerte Bau soll eine weitere Milliarde kosten: 25 Millionen für jeden der 30 Monate, der seit dem letzten geplanten Termin verstrichen sein wird, und der Rest wird für neue Aufträge und die Akkordkosten benötigt. Schließlich arbeitet man unter Zeitdruck! Der Flughafenkoordinator Rainer Bretschneider gibt sich zuversichtlich. Man habe jetzt externen Sachverstand auf der Baustelle.

Was der Berliner Flughafen bis 2020 noch für Überraschungen bereithält, wird sich zeigen. Nur eines ist heute schon klar: Wo nämlich die Finanzierung der zusätzlichen Bauzeit herkommt. Es ist viel zu spät, um den Fluss der Steuergelder abzudrehen.

Baumeister im Sonnenuntergang

Der Berliner Flughafen hat mit Air Berlin 2017 einen wichtigen Kunden verloren. Immerhin hat die Airline das Berliner Drehkreuz als Hauptstützpunkt verwenden wollen. Ein neuer Flughafen bringt neue »Slots«, also neue Start- und Landebahnen. Das ist sein wertvollstes Kapital. Obwohl mit Air Berlin nun der Hauptabnehmer für diese Slots wegfällt, war Mehdorn der Meinung, dass die Probleme des Flughafens nichts mit dem Scheitern der Airline zu tun hätten. Tatsächlich sei die zweitgrößte Airline eines der reichsten Länder der

Welt allein von der Luftverkehrssteuer in die Knie gezwungen worden.

Allerdings hat Mehdorn inzwischen nur noch wenig Grund, auf all das zurückzublicken. Nach dem 31. März 2015 ist er nach langen Jahren bei der Bahn und einer turbulenten Zeit bei Air Berlin vom BER aus in den Ruhestand gegangen. Und den verbringt er, so berichtete das *Handelsblatt*, in Südfrankreich. Auf seinem eigenen Weinberg. In seiner Freizeit liest er jetzt philosophische Bücher oder segelt über das Mittelmeer.

Dieses Leben hätte er vielleicht nicht erst mit 73 beginnen sollen, sondern schon mit 66, als er mit seinen fast 5 Millionen Euro Abfindung die Bahn verließ. Dann würde die deutsche Luftfahrt heute vermutlich anders aussehen. Was Mehdorn brachte, waren holprige Worte, die einen schönen Schein transportierten, aber sich letztlich nur als heiße Turbinenluft herausstellten. Der Pannenflughafen bleibt weiterhin peinlich.

In Bezug auf die Airline-Pleite zeigte man beim BER tatsächlich einmal Weitsicht. Schon zwei Jahre zuvor rechnete man mit der Insolvenz, also etwa zu der Zeit, als Mehdorn den Flughafen verließ. Man ging von einem Verlust von 219 Millionen Euro aus – was nicht wenig ist, neben den inzwischen 6 Milliarden Euro Baukosten aber kaum weiter auffällt. Ähnlich unsichtbar sind die 13 Millionen Euro an Steuergeldern, die jeden Monat für die Instandhaltung der fertigen Bauteile benötigt werden. Zweimal die Woche muss beispielsweise die Gepäckfördermaschine in Betrieb genommen werden, damit sie nicht zerfällt.

Auf der Strecke bleiben aber auch die normalen Angestellten und Kunden der Berliner Flughafengesellschaft. Nämlich die, die tatsächlich bereitstehen, um etwas zu machen. Gregor Klässig zum Beispiel kann man sehen, wie er das Fernsehteam einer ZDF-Reportage in seinem Laden begrüßt. Er hat gerade Zeit, da er nicht wie geplant Fisch frittieren muss. »Herzlich willkommen im Fischrestaurant *Fish&Chips* im neuen Flughafen BER.«

Das Restaurant ist nur eines der zahlreichen Geschäfte, die seit Jahren in den Startlöchern festhängen. Die potenzielle Ladenfläche des Flughafens wurde extra vergrößert, um mehr Dienstleistern Platz bieten zu können. Die Räume von Gregor Klässig sind mit Glaswänden und weißen Platten abgeschlossen und erinnern derzeit weniger an ein Restaurant als an eine Verpackungsstation mitten im verwaisten Großflughafen.

»So ein Ofen kostet 10.000 Euro. Der steht hier. Das neuste Modell mit Digitalsteuerung und allem, was es gibt.« Klässig muss den Ofen erst von der Luftpolsterfolie befreien, um das glänzende Metall der Kamera zu präsentieren. Jedes Stück ist so eingepackt, als wäre es gerade erst geliefert worden. »Das Problem dabei ist, dieser Ofen ist noch nie in Betrieb genommen worden. Ich habe ihn bezahlen müssen, aber konnte gar keine Abnahme durchführen, weil damals gab es keinen Strom. Das heißt, er ist noch nie gelaufen, verliert aber innerhalb von zwölf Monaten seine Garantie.«

Vieles im BER wäre schon einsatzbereit. Die Pächter der Läden haben sich auf die Versprechungen von oben verlassen. Während man dort immer noch um die richtige Kommunikationsstrategie kämpft, sitzen die einfachen Leute auf ihren Kosten. Die Mieter sind immer noch da. Die Geräte verstauben in den ungenutzten Läden.

»Das ist für uns eine Katastrophe«, erklärt Klässig mit fassungslosem Ausdruck. »Wir haben doch 400.000 Euro investiert. Die Kredite sind natürlich auch schon ausgegeben. Die gesamte Einrichtung steht. Und wie alt ist die Einrichtung, wenn wir sie eröffnen? Das ist die große Frage. Es gibt keinen neuen Eröffnungstermin. Wir wissen gar nicht, was wir jetzt machen sollen. Das heißt, die Banken sitzen uns im Rücken und wollen irgendwann eine Tilgung, die sie dann auch bekommen.«

Die ZDF-Reportage stammt aus dem Jahr 2013. Klässigs Ofen ist inzwischen veraltet. Mit der Investition hat Klässig bis heute keinen einzigen Cent eingespielt. Wie ihm geht es vielen: 91 Betriebe wollten in den Flughafen einziehen.

Hinzukommen diejenigen, die für die Versorgung und die Infrastruktur des Flughafens zuständig wären. Haru-Reisen etwa kaufte drei Busse, die das Spandauer Unternehmen für 800.000 Euro umrüsten ließ. Die werden für ihre Strecke nur 30 Minuten brauchen – das ist fast doppelt so schnell wie alle anderen Angebote aus dem Südwesten Berlins. Und das bei 5,70 Euro pro Ticket. Wirtschaftlich ist die neue Strecke vielversprechend für Haru-Reisen. Sechs Fahrer und eine Buchhalterin sollen die neue Linie vom Rathaus Steglitz zum Flughafen übernehmen. Die Flyer für die Verbindung sind gedruckt, sogar die Fahrscheine sind schon vorbereitet. »Das sind alles Kosten, von denen redet heute schon gar keiner mehr«, erklärt der Betriebsleiter Karsten Schulze dem Südkurier. Nur einen seiner Busse hat er wieder verkaufen können. »Die zwei übrigen Busse haben wir salopp gesagt an der Backe.« Allein dieses eine Busunternehmen, ein mittelständisches Unternehmen mit etwa 100 Mitarbeitern, erlitt durch die Verzögerung einen Verlust von einer Viertel Million. Für einen Schadensersatz fühlt sich niemand zuständig.

Die Verantwortlichen sind längst davongesegelt. Sie selbst mögen vielleicht kein Bewusstsein entwickeln für den Schaden, den sie angerichtet haben. Die Öffentlichkeit wird sie jedoch als das in Erinnerung behalten, was sie nun einmal sind: als Versager.

3. KAPITEL

Der Ahnungslose – Martin Winterkorn

Montagabend, 21. September, 2015. Unter den Wolkenkratzern New Yorks tummeln sich die Fotografen und Reporter. Der neue VW Passat schneidet durch die Massen und parkt auf einer Drehbühne, wo er sich glitzernd präsentiert. In der Menge interessiert sich jedoch niemand für das Auto, das der US-Chef Michael Horn vorstellen will. Bevor sich seine Worte zu den technischen Details im Gemurmel der Menge verlieren, hat er eine undankbare Aufgabe. Die Volkswagen-Aktien sind an diesem Tag um ein Fünftel gefallen. Er gibt den ersten öffentlichen Auftritt nach Freitag. Freitag war eine Katastrophe. Horns Kollege, der Markenvorstand Herbert Diess, hat kurzfristig abgesagt und ihn im Stich gelassen. Er steht allein auf der Bühne und muss sich vor der Welt entschuldigen.

»Wie Sie am Freitag gesehen haben, hat die EPA, die Environmental Protection Agency, ein Statement herausgegeben, eine Realität: Die Volkswagen-Gruppe hat Software in unseren TDI-Diesel-Autos manipuliert und Emissionsgrenzen missachtet.«

Noch weiß niemand, was genau das alles zu bedeuten hatte. Ausgerechnet die Diesel-Variante des neuen Passats gehört zu den 482.000 Volkswagen, die zurückgerufen werden müssen. Die Motoren stoßen giftige Stickoxide aus, die die angegebenen Werte um ein 40-faches übersteigen. In den vergangenen Monaten haben amerikanische Umweltbehörden den Skandal aufgedeckt – einen Kundenbetrug von ungeahntem Ausmaß.

»Lassen Sie mich das klarstellen«, sagt Horn deutlich, »unsere Firma war unehrlich. Mit der EPA und dem California Air Resources Board. Und mit euch allen. Auf Deutsch würde ich sagen: Wir haben es total versaut.«

Voller Unbehagen steht er vor dem glänzend weißen Passat und entschuldigt sich in gebrochenem Englisch. Dann verabschiedet er sich schnell und macht die Bühne für Lenny Kravitz frei. Doch kein alternder Rockstar kann über den Betrug der Volkswagen AG hinwegtäuschen. Die Autobauer haben eine halbe Millionen Kunden systematisch betrogen und ausgebeutet. Und das ist erst der Anfang.

Die Umweltprämie

Das Versagen von Volkswagen ist eine Geschichte des Versagens einer ganzen Industrie und einer Regierung. Fast zehn Jahre lang hat der inzwischen größte Autobauer der Welt seine Kunden betrogen und die Behörden auf der ganzen Welt angelogen. Der Konzern hat die Regierung missbraucht und aus der öffentlichen Ausbeute ihrer Kunden noch zusätzlichen Profit geschlagen.

In der Mitte des Ganzen stand ein Mann. Am 1. Januar 2007 wurde Martin Winterkorn Vorstandsvorsitzender der

Volkswagen AG in Wolfsburg. Winterkorn hatte ursprünglich Kühlschränke für Bosch gebaut. Ferdinand Piëch war damals bei VW-Tochter Audi tätig und hatte ein Auge auf den jungen Ingenieur geworfen. Er nahm ihn unter seine Fittiche und machte ihn groß. Denn Winterkorn war ein ausgezeichneter Ingenieur und schuf technische Lösungen, die unmöglich schienen. Sein Erfindergeist war in der Branche bekannt. Wenn Piëch etwas haben wollte, dann sorgte Winterkorn dafür, dass er es auch bekam. So kletterte er die Karriereleiter hinauf: Er leistete gute Arbeit und wurde immer weiter befördert. Bis er in einem Job ankam, in dem er versagte.

Bei seiner Ankunft in Wolfsburg bezog Winterkorn, wie der *Spiegel* berichtete, eine 400-Quadratmeter-Villa in Groß Schwülper, nur eine halbe Stunde mit dem Dienstwagen von der VW-Zentrale entfernt. Winterkorns Vermieter war der VW-Konzern selbst. Und der überließ ihm die Villa für fünf Euro pro Quadratmeter. VW begründete den spektakulär niedrigen Preis damit, dass Winterkorn nur die Hälfte der Villa bewohnte, die andere stehe für Gäste des Konzerns bereit. Außerdem seien ihm vertraglich gewisse »Nebenleistungen« zugesichert worden. Vermutlich auch deshalb tat der Konzern ihm noch einen Gefallen: Für 60.000 Euro wurde der Teich hinter der Villa saniert. In dem sollten kälteempfindliche Koi-Karpfen gehalten werden. Wie gesagt, Winterkorn galt bereits als Legende in der Branche, und so einen Mann ließ man sich natürlich einiges kosten.

So unbescheiden wie Winterkorns Lebensstil lesen sich auch die Zielvorgaben, die er für sein neues Imperium ausgab. Mit seinem Mentor Piëch im Nacken verlangte er, dass Volkswagen in den nächsten Jahren zum Weltmarktführer der Automobilbranche werden sollte. Dafür sollte Marke um Marke geschluckt werden. Die Sportwagen von Porsche, die

LKWs von MAN und Scania und schließlich sogar die Motorräder von Ducati. Sie alle wurden Teil der Volkswagen-Familien und gesellten sich damit zu Seat, Skoda, Audi, Bentley, Bugatti, Lamborghini.

Aber andere Marken zu schlucken, war nicht genug. Das Hauptgeschäft lag woanders. VW war zu dieser Zeit schon lange die Lieblingsautomarke der Deutschen. 19 Prozent der zugelassenen Fahrzeuge waren Volkswagen. Der nationale Markt war erobert und ausgeschöpft.

Die Konkurrenz lebte im Ausland. Sie war genauso japanisch wie Winterkorns Koi. Und ebenfalls im Ausland wurde entschieden, wer der Marktführer wurde. Toyota war der Hauptkonkurrent um den Titel. Winterkorn wusste: Wenn er Toyota überholen wollte, musste er insbesondere auf einem Schlachtfeld gewinnen: Amerika. Die USA boten jede Menge potenzielle Abnehmer.

In den Vereinigten Staaten Autos zu verkaufen, war leider nicht ganz einfach. Zum einen, weil auch dieser Markt schon gesättigt war. Die Marktanteile, die VW gewinnen wollte, musste der Konzern seinen Konkurrenten abjagen, und davon gab es viele. General Motors, Chrysler und Ford, die Traditionsmarken Amerikas. Die asiatischen Anbieter hatten bereits große Anteile erobert. Zum anderen waren die Amerikaner extrem skeptisch, was den Dieselmotor angeht. Wer Diesel fuhr, wurde komisch angesehen. Der Kraftstoff galt als zu gefährlich, weil er Smog verursacht und potenziell Krebs erregend ist. Das liegt daran, dass sich im Dieselmotor Stickoxide bilden – weit mehr als bei einem Benziner. Der Diesel hat andere Vorteile. Er benötigt keine Zündkerzen und verbraucht dadurch, gerade bei hoher Beschleunigung, wesentlich weniger Sprit. Allerdings wog der geringere Verbrauch für die Amerikaner die giftigen Schadstoffe nicht auf.

Auch der amerikanischen Infrastruktur war der Diesel zu viel. Er gab kaum Tankstellen, die Diesel in ihrem Sortiment hatten. Der geringe Schwefelgehalt, den die Regierungen von Dieselkraftstoffen verlangten, überstieg die technischen Möglichkeiten der US-Raffinerien. Sie hätten erst kostenaufwendig umgebaut werden müssen.

Wenn Volkswagen von dem Konzept eines »sauberen« Dieselmotors überzeugen wollte, musste der Konzern sich also etwas einfallen lassen. Die Ingenieure entwarfen jede Menge Pläne für »sauberen« Diesel. Aber keiner davon sagte den Finanzabteilungen zu. Die Umsetzungen waren zu teuer. Der VW-Vertrieb stellte sich quer. Wer Marktführer werden wollte, der musste günstige Autos produzieren.

Das Hauptproblem war der verwendete Motor. Bereits Ende der 1990er-Jahre entwarfen VW und Bosch den EA 188 (Entwicklungsauftrag 188), der in den VW Passat B5 eingebaut wurde. Damals konnte der neue Dieselmotor mit denen der Konkurrenz durchaus mithalten. Längerfristig auf die Technologie dieses Motors zu setzen, stellte sich jedoch als katastrophale Fehlentscheidung heraus.

Denn das sogenannte Pumpe-Düse-System, das der EA 188 verwendete, konnte nicht das leisten, was es unter den veränderten Umweltbedingungen und den entsprechenden Gesetzgebungen hätte leisten müssen. Um die europäische Norm EURO 4 zu erreichen, müssen die Abgase inzwischen ausreichend gereinigt werden. Und dafür muss die Temperatur des Treibstoffs schnell reguliert werden. Das Pumpe-Düse-System war dazu nicht in der Lage. Die Dieselmotoren anderer Hersteller verwendeten andere Systeme, sie waren solider und billiger. Mit dem EA 188 hatte sich Volkswagen in eine Sackgasse manövriert. Die anderen Hersteller konnten sich an die strenger werdenden Richtlinien anpassen. Sie waren zukunftsfähig.

Doch 2008 wurde alles anders. Barack Obama wurde zum ersten afroamerikanischen Präsidenten der Vereinigten Staaten gewählt. Sein Wahlkampfmotto in den unsicheren Zeiten der Finanzkrise lautete: »Change we can believe in«. (Wandel, an den wir glauben können.) Und der neue VW Jetta wurde in Los Angeles zum »Green Car Of The Year 2009«. Zum Symbol einer grüneren, fortschrittlicheren Zukunft. Es war der Höhepunkt einer groß angelegten Werbekampagne für »sauberen« Diesel.

Für Volkswagen begann eine Erfolgsgeschichte. VW gelang es endlich, den US-Markt von dem ökologischen Wert der Dieselmotoren zu überzeugen. Ungeahnt sauber sollte der Diesel fahren. Bei geringem Verbrauch wurden genug Schadstoffe verbrannt, um die konkurrierenden Benziner auszustechen. Der Jetta vereinte das Beste aus beiden Welten.

Der neue Wunder-Motor war der EA 189. Der direkte Nachfolger des EA 188 befand sich in allen neuen Modellen aus den Serien Jetta, Golf und Beetle. Nach Insider-Berichten galt es als erklärtes Ziel, mit dem neuen Motor die Hybridtechnik des Weltmarktführers Toyota auszustechen. »Clean Diesel« sollte das Schlagwort auf dem amerikanischen Markt sein.

Bosch lieferte den EA 189 seit 2007 mit einem besonderen Programm im Bordcomputer. Dass Motoren von Computern unterstützt wurden, war keine Neuheit. Mit vielen Sensoren kann der Motor genaue Kraftstoffmengen bemessen und den Verbrauch genau regulieren. Abgasschadstoffe lassen sich kontrollieren und bereinigen, Defekte werden aufgenommen und gespeichert, um sie später herauszulesen.

Das neue Programm im EA 189 regulierte die Menge an Kraftstoff, die eingespritzt wurde, um die Abgase zu säubern.

Die Stickoxide, gerne nach ihrer chemischen Formel »NOx« benannt, wurden in einem Filter aufgefangen und verbrannt. Das kostete zusätzlich Sprit, war aber wesentlich sauberer.

Doch das Programm orientierte sich in der Reinigung nicht an der Menge an Schadstoffen, die produziert wurden, sondern an den Rädern. Wenn alle Räder gerade standen und sich nur die Vorderräder bewegten, wusste das Auto, dass es nicht fuhr. Das bedeutete, dass es entweder stecken geblieben war oder aber auf einem Rollprüfstand im Labor stand. Und in diesem Fall schaltete das Auto um und leitete mehr Sprit zum Verbrennen in den Filter. Beim Test verringerte sich der giftige Ausstoß also drastisch. Auf der Straße wurde dafür wesentlich weniger Energie aufgewendet. Der Verbrauch blieb öffentlichkeitswirksam gering, aber die Stickoxide wuchsen um ein 40-faches.

Bosch wies den VW-Konzern darauf hin, dass es illegal wäre, ein Auto mit einer derartigen »Abschalteinrichtung« zu verkaufen. Doch die Konkurrenz schlief nicht, und Volkswagen brauchte ein starkes Argument für den Vorstoß auf den überladenen amerikanischen Markt. Mit dem Jetta ging die Abschalteinrichtung serienmäßig in Produktion, und der Erfolg im Labor wurde einer Technologie zugeschrieben, die das Auto auf der Straße gar nicht einsetzte. VW versteckte das Programm tief in der Software seiner Dieselfahrzeuge.

Allerdings stellte sich der erhoffte Erfolg zumindest finanziell noch nicht sofort ein. Der Automobilabsatz war zu der Zeit schlecht. Nach der Finanzkrise 2007 war der Verkauf stark zurückgegangen. Allein in den USA war der Verkauf von leichten Fahrzeugen von 16 Millionen auf fast 10 Millionen eingebrochen. Winterkorn diktierte dem Konzern einen Sparkurs. Er regierte VW mit eiserner Hand. Pfuscherei wurden im Autoland nicht toleriert. Lange Debatten gab es bei ihm nicht. Intern wurde einem Insider zufolge ein reumütiger Satz zum Alltag: »War ich da jetzt zu laut?«

Privat war Winterkorn weniger knausrig. Er überwies geschätzt 15 Millionen Euro an Wolfgang Porsche, der Winterkorn dafür seine Villa im Münchner Edelstadtteil Bogenhausen überschrieb. Zusätzlich zur VW-Villa in Groß Schwülper und der Piëch-Villa in Ingolstadt. Eine Vorbereitung auf den Ruhestand. Der Konzern musste kämpfen, aber Winterkorn war an der Spitze angekommen.

Um den fallenden Absatz in den Griff zu bekommen, musste die Autoindustrie etwas unternehmen. Also wandte sich Matthias Wissman, Präsident des Verbandes der Automobilindustrie, an einen alten Freund der Branche. Den deutschen Staat. Er sollte Volkswagen und den anderen deutschen Autoherstellern unter die Arme greifen. Wissman wollte mit der Regierung gemeinsam einen Anreiz schaffen, eine »Abwrackprämie«. Bei Vizekanzler Frank-Walter Steinmeier kam die Idee scheinbar gut an. Dann auch im Bundeskabinett, denn es dauerte keine drei Monate, bis alles beschlossene Sache war.

Am 7. März 2009 begann das Verfahren. Durch die »Umweltprämie« sollten die Bürger dazu angereizt werden, sich ein neues Auto zu kaufen, das weniger verbrauchte und weniger Schadstoffe generierte als ihr Altfahrzeug. Was kaum jemand wusste: Der größte Verbrauch beim Auto entsteht bereits in der Produktion – etwa 20 Prozent des gesamten Verbrauchs, oft mehr. Vor allem Transport und Verschiffung verbrennen Unmengen an Energien, bevor das Auto überhaupt Räder bekommt, um auf der Straße zu fahren. Für die Ökobilanz ist es daher am sinnvollsten, einen gebrauchten Wagen zu fahren, bis er auseinanderfällt. Auch wenn er ein wenig mehr verbraucht als sein aktuelles Gegenstück. Für die »Umwelt« war die »Umweltprämie« in jedem Sinne ein schlechter Deal. Profitiert hat hingegen die Automobilindustrie.

Die Verbraucher waren selbstverständlich begeistert. Die deutsche Bevölkerung nutzte die Umweltprämie in Massen. Immerhin handelte es sich um 2.500 Euro auf die Hand. Vom Staat waren insgesamt 1,5 Milliarden Euro zur Verfügung gestellt worden. In Ziffern: 1.500.000.000 Euro. Man musste nur bescheinigen können, dass man ein entsprechend altes Auto vernichtet hatte – egal, wie gut es noch fuhr – und ein neues Auto gekauft hatte – egal, ob der Verbrauch und Schadstoffausstoß geringer war. Hauptsache, der Wagen war neu gebaut worden. Ein Jahr lang durfte er maximal zugelassen sein. Dann bekam man den Zuschuss.

Die »Umweltprämie« lief so gut, dass der dafür bereitgestellte Etat von 1,5 Milliarden Euro nach einem Monat überschritten wurde. Also trafen sich die zuständigen Politiker und berieten darüber, was man als Nächstes machen könnte. Bundeskanzlerin Angela Merkel, Finanzminister Peer Steinbrück und Wirtschaftsminister Karl-Theodor zu Guttenberg einigten sich: Die Regierung erhöhte den Betrag im Topf von 1,5 auf 5 Milliarden Euro. Sie lesen richtig: 5.000.000.000 Euro.

Das derart massiv erweiterte Budget hielt abermals nur fünf Monate. Das ging für viele zu schnell. Denn die Prämie wurde nach dem »Windhundverfahren« ausgezahlt. Im Volksmund: »Wer zuerst kommt, mahlt zuerst«. 15.000 Anträge kamen auf eine Warteliste, als der Anreiz bereits ausgereizt war. Fast 15.000 Neu- und Jahreswagen wurden ohne Prämie gekauft. Die Autohersteller hatten im deutschen Markt wieder an Land gewonnen. Allerdings fehlte das Geld der Neuwagenbesitzer an anderer Stelle. Der Einzelhandel und die Tourismusindustrie mussten Einschnitte hinnehmen. Zudem wurde mit den oft noch funktionsfähigen verschrotteten Autos wirtschaftliches Kapital vernichtet.

Fast ein Viertel der Neuzulassungen im Zuge der Prämie waren übrigens Volkswagen. Das heißt, die Regierung spielte dem Konzern ein Viertel der 5 Milliarden Euro Steuergelder plus den restlichen Preis der Neukäufe zu.

Der Abgastest

VW arbeitete sich mithilfe des manipulierten Motors und der staatlichen Zuschüsse langsam nach oben. Die Belegschaft vergrößerte sich um circa 200.000 Arbeiter. Die Umsatzerlöse verdoppeln sich bis 2013 beinahe.

Dann gelang es am Engine & Emissions Research Center der West Virgina University zum ersten Mal, Abgasmessungen an fahrenden Autos durchzuführen. Ausgerechnet drei deutsche Fahrzeuge wurden für die Messungen ausgewählt. Ein BMW und zwei Volkswagen. Da sich der VW-Konzern weigerte, Testautos zur Verfügung zu stellen, mussten die Wissenschaftler auf private Fahrzeuge zurückgreifen. Das Ergebnis war überraschend. Kein einziger Wert konnte korrekt sein. Die Messtechnologie wurde mehrfach überprüft und das Testverfahren wiederholt. Tatsächlich. Die Ergebnisse stimmten. Und sie lösten eine Lawine aus. Die Schadstoffwerte des BMWs waren in Ordnung. Aber der Schadstoffausstoß des VW Jetta und des VW Passats lagen um ein 8- bis 40-faches über der Herstellerangabe. Die Abgaswerte von der Straße unterschieden sich dramatisch von den Messungen im Labor.

Es wurden Umweltbehörden eingeschaltet, die Volkswagen mit den Werten konfrontierten. Ein derart drastisches Überschreiten der NOx-Werte war keine Bagatelle.

Erst Anfang 2018 veröffentlichte das Bundesumweltministerium eine Studie, derzufolge 2014 in Deutschland rund 6.000 Menschen wegen Stickstoffdioxid vorzeitig verstorben waren. Die Forscher gingen von 50.000 vertanen Lebensjahren aus. Etwa 437.000 Menschen erkrankten aufgrund des Schadstoffs an *Diabetes mellitus* und 439.000 an Asthma. Das entsprach acht beziehungsweise 14 Prozent der Gesamterkrankungen an Asthma und Diabetes.

Die Zahlen riefen in der Öffentlichkeit einige Kontroversen hervor. Sie seien ausgedacht und nicht haltbar. Tode durch NOx sind eben nicht so leicht zu erfassen wie Tode durch Messerstiche und Haiangriffe. Eine Vergiftung tötet nicht schnell, sondern über eine lange Zeit hinweg. Und die Vergiftung ist oft nicht nachweisbar. Die Forscher bedienten sich zur Berechnung der Gefahr allerdings einer einfachen Methode. Unterschiedliche Studien wurden durchgeführt, aus denen hervorging, wie viele Menschen wie viel Lebenszeit an Herz-Kreislauf-Krankheiten verlieren, wenn sie in von Stickstoffdioxid belasteten Regionen leben. Zusammenhänge von NOx und derartigen Erkrankungen waren bereits hinlänglich bewiesen. Die Ergebnisse der Hochrechnungen waren statistische Annäherungen an die Realität. Genau genommen ermittelte die Studie, dass in dem betreffenden Jahr 2.031 bis 9.893 Menschen aufgrund der von Stickstoffdioxid verursachten Herz-Kreislauf-Erkrankungen gestorben waren. Oder eben: Rund 6.000.

Diese Zahlen waren neu. Die Gefahren durch NOx waren aber auch schon den VW-Technikern und Vorständen bekannt.

Der Konzern reagierte auf die Vorwürfe gelassen. Die Forscher hätten keine Ahnung vom Testen der Abgaswerte. Man könne die Ergebnisse nicht ernst nehmen. Die Behörden blieben allerdings hartnäckig. Die Tests wurden wiederholt. Und die Forscher beharrten auf ihren Ergebnissen. Die Werte auf der Straße waren wesentlich höher als die auf dem Prüfstand.

In diesem Jahr kassierte VW-CEO Winterkorn ein Spitzengehalt von 15,2 Millionen Euro. Damit war er der bestbezahlte DAX-Vorstand überhaupt. VW-Aufsichtsratsvorsitzender Ferdinand Piëch distanziert sich inzwischen von seinem ehemaligen Schützling. Er hat ein Auge aufs Geld geworfen. Ab jetzt mussten private Flüge mit dem Dienstjet aus eigener Tasche bezahlt werden. Er setzte außerdem durch, dass die VW-Vorstände mit ihrem Verdienst den vollen Mietpreis zahlen mussten. Von Winterkorns 15,2 Millionen Euro wurden pro Jahr also ganze 7.800 Euro wieder an die Immobiliengesellschaft des Großkonzerns zurückgezahlt. Wenn es nicht so traurig wäre, wäre es zum Lachen.

Die Kürzungen waren Teil eines Machtkampfs zwischen Lehrer Piëch und Schüler Winterkorn. Und Winterkorn gewann. Piëch verließ den Aufsichtsrat. Der Ingenieur blieb zurück. Abgelenkt durch die internen Querelen reagierte er gelassen bis kaum auf die Nachrichten aus den Staaten. Er hatte nur wenig Interesse an dem Auslandsgeschäft. Die Kollegen dort sollten ihre Arbeit machen. Es heißt, er winkte sie angeblich ab mit dem Satz: »Die bringen nur Ärger mit.« Es schien kein Durchkommen zu geben.

In Amerika musste Volkswagen also allein handeln, ohne die Unterstützung aus Deutschland. Man lieferte ziemlich schnell eine ganze Liste von Gründen für die hohen Werte. Unterschiedliche technische Probleme, unvorhergesehene Nutzungsbedingungen. Die Öffentlichkeit erfuhr noch nichts von den Vorwürfen, die im Raum standen. Um die Behörden zu beruhigen, gab es eine Rückrufaktion. VW behauptete, ein dringendes Softwareupdate durchführen zu müssen. Es habe außerdem ein Problem mit der Motorkontrollleuchte gegeben. Aber, so hieß es nun auch aus Wolfsburg, keine Sorge! Man könne die Probleme ganz einfach beheben.

Doch an den Abgaswerten veränderte sich nichts. Nach monatelangen Anfragen der Umweltbehörden EPA und Carb an den Autobauer wurde die Lüge am Prüfstand endgültig aufgedeckt. Im Mai 2015 wurden bei einem weiteren Test in Kalifornien alle vier Räder gedreht, nicht nur die Vorderreifen. Der Bordcomputer glaubte, das Auto wäre wieder auf der Straße – und sparte prompt am Verbrauch. Weniger Kraftstoff wurde zur Säuberung in den Filter gespritzt. Erst jetzt zeigten sich die echten Werte auch im Labor. Und die waren katastrophal. Der »saubere« Dieselmotor war wie alle anderen Verbrennungsmotoren auch: ein Pest-Motor.

Volkswagen und die Umweltschutzbehörden setzten sich gemeinsam an einen Tisch. Als den Autobauern am 3. September die bestätigten Messwerte vorgelegt wurden, gestand Volkswagen den Betrug sofort. Die Manipulation wurde erst jetzt aufgegeben, als die Behörden VW schon lange auf der Spur waren.

Zwei Wochen später, am Freitag, den 18. September 2015 wurde der Schwindel öffentlich. Auf der Internationalen Automesse IAA gab es einen eigenen Pressetermin, bei dem die EPA Volkswagen für sein Vergehen massiv angriff. Es ging dabei in erster Linie gar nicht um den Betrug am Kunden, sondern um die Schäden an Umwelt und Gesundheit.

Dann ging alles ganz schnell. VW räumte den Skandal ein. Allein in den Staaten ging es um über 480.000 Autos.

Eine Krisensitzung jagte fortan die nächste. Die Vorstände tummelten sich in Wolfsburg. Es wurde eine hastige Entschuldigung von Winterkorn auf der Volkswagen-Website veröffentlicht. »Klar ist: Volkswagen duldet keine Regel- und Gesetzesverstöße jedweder Art«, behauptete er dort.

Dann trat er selbst vor die Kamera. Mit schiefer Krawatte und hängenden Lippen entschuldigt er sich. Langsam und gefasst trägt er seine vorgeschriebenen Worte vor. Das Gesicht ernst und voller Reue. »Die Unregelmäßigkeiten bei Dieselmotoren unseres Konzerns widersprechen allem, für was Volkswagen steht.«

Und weiter: »Bitte glauben Sie mir, wir werden alles tun, um den entstandenen Schaden wiedergutzumachen. Und wir werden alles tun, um Ihr Vertrauen Schritt für Schritt zurückzugewinnen.«

Am Tag nach der Ankündigung fiel die VW-Aktie um 19 Prozent. Ein Wert von etwa 15 Milliarden Euro. Winterkorn versuchte, die Kanzlerin zu informieren, doch er kam nicht durch. Lediglich Verkehrsminister Alexander Dobrindt wollte mit ihm sprechen. Der behauptete später, von dem Skandal erst aus der Zeitung erfahren zu haben. Tatsächlich nahm er die Zügel sofort in die Hand. Er machte sich persönlich zum Chefaufklärer und ordnete sofort »unabhängige Kontrollen« an. Der Rest der Politik reagierte ebenfalls schockiert. Wirtschaftsminister Sigmar Gabriel echauffierte sich sehr, war aber zuversichtlich, dass sich die Industrie erholen werde. Die beiden Niedersachsen Ministerpräsident Stephan Weil und Wirtschaftsminister Olaf Lies waren Mitglieder im VW-Aufsichtsrat – schließlich hält das Land Niedersachsen 20 Prozent Anteile an Volkswagen. Die Politiker fürchteten um Jobs und um das Wegfallen der Gewerbesteuer. Weil war entrüstet und zog hart mit VW ins Gericht.

Dabei kam der Skandal nicht überraschend. Der ADAC hatte schon seit Jahren gewarnt, dass die Werte der Hersteller falsch sein könnten. Auch dass »der legale Rahmen in Deutschland einfach zu lasch« sei. Der wissenschaftliche Dienst der Europäischen Union hatte sich seit 2011 beklagt, dass die Autos auf der Straße mehr Schadstoffe ausstießen, als legal sei.

Wieder einen Tag später offenbarte Volkswagen gegenüber den Aktionären, dass weltweit 11 Millionen Fahrzeuge betroffen seien. 6,5 Milliarden Euro wurden für Nachbesserungen auf die hohe Kante gelegt. Die Aktie fiel um weitere 20 Prozent. Insgesamt von 162,19 Euro Anfang September auf 92,36 Euro.

Am Mittwoch, den 23. September 2015, trat Martin Winterkorn zurück. Er sei sich »keiner Schuld bewusst«, aber übernehme die »politische Verantwortung«. Zu seinem Nachfolger wurde zwei Tage später Matthias Müller ernannt, der zuvor für vier Jahre Vorsitzender der Porsche AG und ein langjähriger und enger Kollege Winterkorns gewesen war. Müllers Lebensaufgabe sollte es nun werden, die Volkswagen AG aus der Krise zu ziehen. Von Anfang an versprach der 62-Jährige mit den strähnigen, weißen Haaren eine offene Politik. Und Mithilfe bei der Aufklärung.

Der neue Mann, der scheinbar nichts von allem gewusst hatte, sollte das Vertrauen von Regierung, Justiz und Kunden zurückgewinnen. Und das trotz der inzwischen 2,8 Millionen Autos, die mit illegaler Software auf deutschen Straßen gezählt wurden. Schon eine halbe Woche später stieg die Zahl der betroffenen Autos abermals um 2 Millionen. Die anderen Volkswagen-Marken Audi, Skoda sowie die VW-Nutzfahrzeuge waren ebenfalls manipuliert worden.

Die Staatsanwaltschaft in Braunschweig leitete die Ermittlung gegen den Konzern in der Nachbarstadt ein. Winterkorn wurde mehrfach Betrug vorgeworfen, aber es wurde noch nicht gegen ihn ermittelt. In den USA türmten sich indessen die Klagen gegen VW.

Am 29. September musste VW einräumen, dass die 6,5 Milliarden von der hohen Kante nicht ausreichen würden. Am nächsten Tag, dem 30. September 2015, traf sich das Präsidium des VW-Aufsichtsrates. Hastig wählte man den VW-Finanzvorstand Hans Dieter Pötsch in den Aufsichtsrat und dann zu dessen Vorsitz. Damit wurde der Schatzmeister des Skandals zum Chef-Controller des Skandals. Der Posten war entscheidend für die interne Aufklärung. Und er sollte eigentlich Winterkorn gehören.

Während die, die für den Skandal verantwortlich waren, in nur wenigen Wochen von der Bildfläche verschwanden, war VW also unter neuer Führung. Aufsichtsrats- und Vorstandsvorsitz waren neu besetzt. Gemeinsam wollte man die »größte Bewährungsprobe« des Konzerns angehen. Aber wollte man das wirklich? Wäre eine Untersuchung von außen nicht sinnvoller gewesen? Die einzige Hoffnung auf externe Klärung lag bei Verkehrsminister Dobrindt, der bald übereifrig die Initiative ergreifen sollte.

Am 1. Oktober 2015 prognostizierte die Norddeutsche Landesbank einen Verlust von 30 Milliarden Euro für VW. Gerade die gerichtlichen Konsequenzen und die Entschädigungen sollten teuer werden. Dann trudelten auch schon die Anklagen ein. In Frankreich begannen Ermittlungen wegen schweren Betrugs. In China wurden 2.000 Volkswagen zurückgerufen. Die chinesischen Behörden starteten eine Untersuchung. In Deutschland wurden die ersten Wohnungen und Büros durchsucht. Die Staatsanwaltschaft wollte herausfinden, wer in die Manipulation eingeweiht gewesen war. Bald gerieten sowohl die Ingenieure als auch die Softwareentwickler ins Visiers. Fast 30 Namen standen auf der schwarzen Liste. Kaum jemand aus der Führungsebene war dabei. Ein Anleger verklagte VW. Zwischen April und Juli hatte er vor dem Skandal Vorzugsaktien gekauft, wodurch er 20.000 Euro verloren hatte.

Wolfsburg blieb währenddessen nicht untätig. Der Konzern stellte eine Internetseite online, auf der die Kunden ihr Auto auf den Pest-Motor prüfen lassen konnten. Am 4. Oktober erschien eine Anzeige in mehreren Sonntagsblättern: »Eigentlich sollte hier unsere Anzeige zum 25. Jahrestag der Wiedervereinigung stehen.« Eigentlich habe man den Kunden für ihr Vertrauen danken und die Angestellten und Handelspartner würdigen wollen. »All das wäre eigentlich richtig gewesen. Aber wir möchten jetzt nur einen einzigen Satz sagen.« Und dieser Satz stand bedeutungsschwer fettgedruckt: »Wir werden alles tun, um Ihr Vertrauen zurückzugewinnen.«

Ihren Beschäftigten versprach VW, keine Stellen abzubauen. Von Leiharbeitern war noch keine Rede. Chef Müller wollte lieber die Fußball-Partnerschaften beenden. Dazu gehörte nicht nur das Sponsoring des DFB-Pokals, sondern auch die Zusammenarbeit mit dem FC Bayern München, Borussia Dortmund, Werder Bremen, Borussia Mönchengladbach, Schalke 04, Hertha BSC, HSV, FC Ingolstadt, 1899 Hoffenheim, FC Augsburg, Hannover 96 und natürlich die 100-prozentige Tochter VfL Wolfsburg, die jährlich 90 Millionen von VW kassierte. Auch die zweite Liga wurde großzügig ausgestattet. Das Sponsoring des deutschen Fußballs war in Gefahr.

Der Minister

Mitte Oktober forderte das Kraftfahrt-Bundesamt den Rückruf von 2,4 Millionen Fahrzeugen für den Beginn des Jahres 2016. Verkehrsminister und selbst ernannter Aufklärer Dobrindt verkündete, dass die Abschalteinrichtungen vom Amt für illegal befunden wurden. Sie mussten entfernt und die Emissionsvorschriften eingehalten werden. Er nannte die

Zusammenarbeit mit Volkswagen konstruktiv. »Volkswagen erweckt klar den Eindruck, ein großes Interesse daran zu haben, alle Vorgänge aufzuklären.«

Denn VW gab sich weiter kooperativ. Der Konzern wollte 8,5 Millionen Autos in ganz Europa zurückziehen. Man richtete sogar ein neues Ressort für »Integrität und Recht« ein. Ab 1. Januar sollte es von Christine Hohmann-Dennhardt geführt werden. Die ehemalige SPD-Politikerin und Verfassungsrichterin wurde teuer aus einem Vertrag mit Daimler gelöst. Sie sollte bei der internen Aufklärung der Affäre helfen.

Derweil sank der Absatz um 1,5 Prozent. Als nicht mehr klar war, ob die Arbeitsplätze wirklich sicher waren, reagierten die Betriebsräte sowie die Gewerkschaft IG-Metall mit rigorosen Forderungen. Sie wollten flachere Hierarchien und Dezentralisierung.

Dann verschwand eine Akte. Am 21. Oktober leitete die Staatsanwaltschaft in Hannover eine Anzeige »gegen Unbekannt wegen des Verdachts auf Diebstahl« ein, wie die Hannoversche Allgemeine berichtete. Die Sache erweckte den Anschein, dass die Aufklärungsbereitschaft von VW vielleicht doch nicht so groß war. Gleichzeitig wuchs die Zahl der betroffenen Wagen auf 11 Millionen an. Immer mehr manipulierte Autos tauchten auf – scheinbar zufällig, als wüsste der Konzern selbst nicht, wo er suchen sollte. Konnte es wirklich sein, dass VW keine Ahnung hatte, welche Software in welchen Autos installiert war?

Trotz der vielen schlechten Nachrichten waren die Quartalszahlen erstaunlich gut. Die Verkaufszahlen der Marke VW waren im Oktober um nur 5 Prozent geringer als im Vorjahr. Der Verlust betrug gerade einmal 3,5 Milliarden Euro. Das Vertrauen der Kunden schien nur kurzzeitig verloren gegangen zu sein. VW verkaufte seine Suzuki-Anteile, um das Geld wieder einzuspielen. Die Mitarbeiter bekamen geringere Bonuszahlungen. Die Sachinvestitionen wurden auf 12 Milliarden Euro reduziert. Einiges davon wurde in alternative Antriebe investiert – 100 Millionen Euro mehr, als bisher geplant. »Wir fahren in den kommenden Monaten auf Sicht«, meinte der neue VW-Chef Müller über die Budgetänderungen. Jede Ausgabe sollte überdacht werden.

Währenddessen wurden weitere Pest-Motoren entdeckt. Die EPA, die Umweltbehörde aus den USA, meldete sich wieder zu Wort. Auch die Drei-Liter-TDI-Motoren von Volkswagen waren mit der illegalen Software ausgestattet. Eine weitere halbe Millionen Dieselmotoren mussten umgerüstet werden. Das Kraftfahrt-Bundesamt forderte baldige Lösungen. In den USA legte VW die ersten Pläne zum Umgang mit dem Skandal vor. In Deutschland wurde jetzt auch wegen Steuerhinterziehung gegen fünf VW-Mitarbeiter ermittelt. Es ging um Millionenbeträge.

Dann genehmigte das Kraftfahrt-Bundesamt unter Alexander Dobrindt die Lösungsangebote von VW. Schwierig gestaltete sich nur der 1,6-Liter-Motor. Es musste ein zusätzlicher Strömungsgleichrichter – ein Luftgitter – eingebaut werden. Ein einfaches Plastikrohr, das den VW-Technikern zufolge extrem kompliziert zu erfinden war. Es sorgt dafür, dass die Luft, die vom Motor angesaugt wird, geordnet dort ankommt. Durch diesen Vorgang sollten die Messungen präziser werden und die computer-betriebene Motorsteuerung sollte den Stickoxidausstoß letztlich senken können. Nach einem Softwareupdate sollten die Grenzwerte dann eingehalten werden. Genauso wie bei dem 1,2- und dem 2-Liter-TDI.

Die neue Software änderte die Messwerte der Motoren. Aber der Motor konnte trotzdem nicht gleichzeitig sparsam und sauber sein. Dafür hätte eine aufwendigere Hardware eingebaut werden müssen. Ein Rußpartikelfilter, beispielsweise. Aber der wäre teuer gewesen. Und so zahlte VW nur 60 Euro für die sogenannte »Nachrüstung« pro Fahrzeug. Über die nächsten Monate erfolgte ein kompliziertes Rückrufverfahren, bei dem die Kunden einen Termin erhielten, an dem sie in die Werkstatt konnten. Die Autos fuhren immer noch mit schmutzigem Diesel und Pest-Motoren. Nur hatte das Softwareupdate jetzt dafür gesorgt, dass der Bordcomputer nicht mehr schummelte. Die Abgase waren nun im Prüfstand genauso schädlich wie auf der Straße. Der Betrug wurde in einen öffentlichen Gesetzesbruch verwandelt und ministeriell abgesegnet. Dobrindts Initiative nahm mehr und mehr die Gestalt einer ungeschickten Vertuschung an – wo eine umfassende Aufklärung nötig gewesen wäre.

Die zurückgehenden Verkäufe belasteten die Mitarbeiter des Unternehmens und den Fiskus. Die VW-Werke in Wolfsburg, Emden und Osnabrück sollten für einen Monat stillstehen. Mitarbeiter und Management wurden auf einen harten Winter vorbereitet.

VW-Aufsichtsrat Wolfgang Porsche stellte sich mit der Macht der Autofamilien Porsche und Piëch hinter Volkswagen, um vor allem die Sicherung der Arbeitsplätze zu gewährleisten. Zehntausend Mitarbeiter hörten ihm zu. Auch die neue Spitze, Aufsichtsratschef Pötsch und VW-Chef Müller, ging vor die Kamera. »Was definitiv nicht geht«, so Pötsch, »sind nur scheinbare oder gar illegale Lösungen. Kein Geschäft rechtfertigt es, gesetzliche und ethische Grenzen zu überschreiten.«

Eine Rechtfertigung schien bei Volkswagen auch niemand zu benötigen. Die Konsequenzen fielen weiterhin gering aus. Müller freute sich darüber, »dass Volkswagens guter Ruf am

Kapitalmarkt weiter intakt ist«. Der Preis der Aktien war von knapp 90 Euro auf über 130 Euro gestiegen. Lediglich die Klagen der Aktionäre standen noch aus. Und die restlichen Zahlen von VW waren schlechter denn je. Im Jahr 2015 verloren sie 1,6 Milliarden Euro. Grund dafür waren die insgesamt 16,2 Milliarden Euro, die der Konzern inzwischen zur Bewältigung des Skandals zurückgelegt hatte, um die Verluste aufzufangen. Der Gewinn, den er bis zur Offenbarung des Skandals im Spätsommer gemacht hatte, reichte knapp nicht aus, um die Krisenbewältigungssumme zu stützen. Angesichts der Ausmaße des Betruges war sie auch ziemlich knapp bemessen.

Doch das wertvollere Kapital des Händlers ist das Vertrauen. Das wollte VW nun dadurch zurückgewinnen, dass man den Emissionstest doch von externen Institutionen durchführen ließ. Auch direkt auf der Straße. So sehr sich der Konzern aber in seiner Rolle als Aufklärer badete, so sehr deutete man vom Skandal weg in die Zukunft. Und in der VW-Zukunft würden die Verbrennungsmotoren noch immer schmutzig sein. Egal, von wem das dann gemessen würde.

Müller las mit breitem bayerischem Akzent vom Blatt: »Wir werden es nicht zulassen, dass uns diese Krise lähmt. Im Gegenteil, wir nutzen sie als Katalysator für den Wandel, den Volkswagen braucht.«

Mitte 2016 sollte die neue »Strategie 2025« vorgestellt werden. Im Verlauf des Jahres sollten 2,4 Millionen Autos zurückgerufen werden, um die nutzlosen Softwareupdates durchzuführen. Lösungen für das Schadstoffproblem wurden weiterhin nicht angeboten.

Immerhin: Der Konzern stand jetzt öffentlich dazu, schmutzige Autos zu verkaufen. Dobrindt hatte nur erklärt, dass das alte »schmutzig« jetzt »sauber« hieß.

Der Untersuchungsausschuss

Die Vereinigten Staaten klagten gegen VW wegen Betrugs und Verstoßes gegen die Umweltgesetze. 600.000 Autos der Marken VW, Porsche und Audi waren in den USA betroffen. Bald kamen als Anklagepunkte Bankbetrug und der Verstoß gegen die Steuergesetze hinzu. Im Ausland machte der deutsche Konzern ein schlechtes Bild. Trotz aller Zukunftspläne mussten die Schuldigen gefunden werden. Am 11. Januar 2016 sah Müller die Verantwortlichen klar vor sich. Vor vier glänzenden Volkswagen berichtete der Vorstandsvorsitzende im ARD-Morgenmagazin von dem Fehler, den ihre Techniker an »einer Stelle« gemacht hatten. »Das war denen zu dem Zeitpunkt nicht bewusst. Die wollten auf ihre Art und Weise Ziele erreichen, die man verabredet hatte. Das ist so nicht gelungen. Das ist nicht Ordnung, das muss man sagen.«

Von allen Entschuldigungen des Konzerns blieb ein schwarzer Peter übrig, der den Technikern zugeschoben wurde. In dem Monat, in dem Müller sein Statement abgab, sanken die Verkäufe in Deutschland um 10,2 Prozent. In den USA wurde wesentlich härter sanktioniert. Der Absatz sank um 35 Prozent.

Volkswagen veröffentlichte am 2. März 2016 einen umfangreichen Pressebericht. Der Konzern wies den Vorwurf zurück, man habe versäumt, den Aktionären kursrelevante Informationen zu vermitteln. Außerdem ging aus dem Bericht hervor, dass Winterkorn bereits 2014 über den Betrug informiert gewesen war. Selbst wenn er als VW-Chef nichts von den Machenschaften seiner Vorgänger gewusst hatte, hätte er an dieser Stelle die Möglichkeit gehabt, einzugreifen. Spätestens als US-Anwälte im August 2015 auf Volkswagen zugingen, muss Winterkorn Kenntnis von dem Skandal gehabt haben. Einen Monat vor der

Veröffentlichung durch die US-Umweltbehörden. Hinzu kommen die vielen Male, in denen er die Kollegen aus Amerika abgewimmelt hatte. Statt zu handeln, schwieg der Vorstand. Er hatte keine Ahnung von dem, was in seinem Unternehmen vor sich ging. Oder er tat zumindest so. Die »politische Verantwortung« war jedenfalls nur ein Lippenbekenntnis.

In Wolfsburg begannen Budgetstreitigkeiten. In den Staaten stand ein Führungswechsel an. US-Chef Michael Horn räumte am 9. März 2016 unter Lobeshymnen aus dem Konzern seinen Platz. Er würde für immer der Mann bleiben, der sich für den Abgasskandal entschuldigt hatte – unabhängig von seiner tatsächlichen Verwicklung in die Manipulation. Er hinterließ seinem Nachfolger den ungeklärten Rückruf der 580.000 betroffenen Wagen in den USA. Auch wurden 10 Prozent der Verwaltungsstellen gestrichen. Etwa 3.000 Jobs waren in Gefahr.

Im März rollten die Prozesse an. In Bochum wollte ein Professor seinen Tiguan zurückgeben. Das Gericht wies seine Klage nach wenigen Tagen ab: Immerhin koste die 60-Euro-Nachrüstung weniger als 1 Prozent des Kaufpreises – das liege unter der Bagatellgrenze. Dass die Kunden für einen sauberen Dieselmotor Geld gezahlt und einen Pest-Motor gekauft hatten, war in diesem Fall irrelevant.

Bessere Chancen hatten 278 Aktionäre. Neben den großen Shareholdern – dem Land Katar, dem Bundesland Niedersachsen und der Porsche Automobil Holding SE – befanden sich 10,8 Prozent der VW-Aktien in Streubesitz. Die Aktionäre verklagten den Konzern für das Schweigen Winterkorns. Ihre Forderungen summierten sich zu dem Zeitpunkt auf 3.255.002.361,66 Euro Schadensersatz für den fallenden Kurs. Auf eine Dividende hatten sie, wegen der drohenden Bußgelder und dem Sparkurs, keine Aussicht.

Erst im April 2016 begann sich VW mit den US-Behörden zu einigen. Alle Parteien strebten einen Vergleich an – ein höchst komplizierter Vorgang. Aber wesentlich leichter als eine Entscheidung vor Gericht. Es wurden Pläne geschmiedet, bei denen sich die Verbraucher zwischen einer Umrüstung und einem Rückkauf entscheiden mussten. Zusätzlich gab es Schadensersatz.

In Deutschland hatte Verkehrsminister Dobrindt inzwischen nach eigener Aussage so ausgiebig wie nirgendwo sonst in Europa 53 Modelle testen lassen. Es stellte sich heraus, dass die Stickoxidwerte bei 50 der 53 Proben zu hoch waren. Teilweise um das 18-fache. Die anderen Autobauer nutzten ähnliche Abschalteinrichtungen. Audi, Mercedes Benz, Seat, Skoda und Porsche waren genauso betroffen. Dabei waren die Einrichtungen nach EU Verordnung 715/2007 grundsätzlich verboten. Dort heißt es klar: »Die Verwendung von Abschalteinrichtungen, die die Wirkung von Emissionskontrollsystemen verringern, ist unzulässig.«

Dobrindt kannte die Verordnung. Er kannte auch den nächsten Satz: »Dies ist nicht der Fall, wenn: die Einrichtung notwendig ist, um den Motor vor Beschädigung oder Unfall zu schützen und um den sicheren Betrieb des Fahrzeugs zu gewährleisten«.

Fast stolz verkündete er die Ausnahme der »Motorschutzgründe« am 22. April 2016 der Presse. Weder die EU noch die Bundesregierung waren genauer auf die Natur dieser Sicherheitsklausel eingegangen. Der Verkehrsminister wusste ganz genau, welchen Bock er zum Gärtner machen konnte. VW würde selbst entscheiden können: »Diese Motorschutzgründe werden von den Herstellern formuliert.«

Dobrindt spielte Richter. Er befand damit die Abschalteinrichtungen aller Hersteller für legal. Außer die, zu denen sich

Volkswagen bereits öffentlich bekannt hatte. Die Ausnahmen von der Regel waren damit wesentlich größer als die Regel selbst. Tatsächlich gab VW bereits 2015 dem Bundeskraftfahrtamt eigene Zielwerte für den Schadstoff vor. Im Straßenbetrieb formulierte der Konzern eine bis zu fünffache Überschreitung der Grenzwerte. Das Gesetz wurde so interpretiert, dass die verlangten Werte nicht im Straßenbetrieb eingehalten werden müssten. Nur im Labor. Dobrindt stimmte dem zu. Wie Pötsch es sich in der Pressekonferenz gewünscht hatte, wurden die rechtlichen Grenzen nicht überschritten. Die Emissionsgrenze wurde schlicht nicht ernst genommen.

Die EU legte klar fest, dass »das Emissionsminderungssystem unter allen auf dem Gebiet der Europäischen Union regelmäßig anzutreffenden Umgebungsbedingungen und insbesondere bei niedrigen Umgebungstemperaturen seine Emissionsminderungsfunktion erfüllt.« Das Gesetz besagte außerdem, dass illegale Abschalteinrichtungen von den Staaten »wirksam, verhältnismäßig und abschreckend« sanktioniert werden müssten. Das Kraftfahrt-Bundesamt hatte bereits im Oktober entschieden, dass die Abschalteinrichtungen illegal waren.

Als EU-Mitgliedsstaat hätte die Regierung eigentlich tätig werden müssen. Dobrindt half aber der Industrie, fragwürdige Gesetzeslücken zu finden. Die Juristen aus dem Verkehrsministerium hatten bereits in einem anderen Fall befunden, dass bei so einem Betrug ein Bußgeld zu zahlen sei. Für »gewerbsmäßiges Feilbieten« unter falschen Angaben sogar bis zu 5.000 Euro pro Fahrzeug. Für VW wurde diese Klausel in Deutschland aber unter den Tisch fallen gelassen. VW sollte kein Geld zahlen müssen. Nicht an den Kunden, nicht an die Regierung, an niemanden.

Zu der sogenannten »Untersuchung« durch Verkehrsminister Dobrindt wie auch zu seinem »Diesel-Gipfel«

waren neben seiner Regierung und den Autoherstellern selbst keine anderen Instanzen geladen. Keine Umweltschützer, keine Verbraucherschützer. Von der Opposition wurde die Arbeit seiner »Untersuchungskommission Volkswagen« als ein »scheinheiliges« Ablenkungsmanöver bezeichnet. Zumal in internen Versionen des Berichts Passagen vorkamen, die in der veröffentlichten Fassung getilgt wurden. Nutznießer der Streichungen waren – wenig überraschend – die Autobauer.

Die Deutsche Umwelthilfe (DUH) hatte die Schadstoffwerte schon untersucht, bevor der Skandal aufgedeckt worden war. Sie forderte die Originalprüfprotokolle. Was sie erhielt, waren 581 komplett geschwärzte Seiten vom Verkehrsminister. Die Ergebnisse von steuerfinanzierten Messungen wurden zur Verschlusssache. Die Umwelthilfe musste eigene, teure Tests durchführen.

Die DUH stellte sich auf die Seite der Opposition. Dobrindt verschwieg und vertuschte wichtige Zahlen. Er ignorierte die Abschalteinrichtungen und seine Pflichten der Sanktionierung. Er eröffnete den Autobauern in Deutschland die Möglichkeit, die Gesetze der eigenen Regierung zu umgehen. Dobrindts Initiative entpuppte sich mehr und mehr als Vertuschungsaktion. Der Minister gab sich auch gar keine Mühe, sein Vorgehen zu verheimlichen. Er nahm nicht die Verantwortung gegenüber seinen Wählern wahr, sondern griff seelenruhig der Industrie unter die Arme, die den Wählern das Geld aus der Tasche geschummelt hatte.

In Deutschland wurde ein Untersuchungsausschuss eingerichtet. Federführend waren die Grünen und die Linke. Ziel war es nicht mehr nur, den Skandal zu untersuchen, es sollten nicht nur der Konzern kontrolliert werden, sondern auch die Bundesregierung. Konkret deren Vernetzung mit der Automobilindustrie. Grund dafür gab es genug. Gerade aus dem Lager der Union. Und das nicht nur wegen Dobrindt.

Matthias Wissmann war in den 1990er-Jahren Verkehrsminister für die CDU gewesen. Dann wurde er Cheflobbyist für den Verband der Automobilindustrie, wo er die »Umweltprämie« initiierte. Er hat sogar seinen eigenen Eintrag im sogenannten »Schwarzbuch Autolobby« bekommen – einer im April 2016 von Greenpeace veröffentlichten Liste der am besten vernetzten Politiker, die von der Autoindustrie gekauft worden waren. Wissmann war einer von den Lobbyisten, die in engem Kontakt mit der Regierung standen. Jener Regierung, die nicht wagte, ihre eigenen Wirtschaftsgesetze durchzusetzen.

Solche »Seitenwechsler«, wie es im Schwarzbuch heißt, gab es viele. Thomas Steg war stellvertretender Bundesregierungssprecher, dann VW-Cheflobbyist. Reinhold Kopp war Wirtschaftsminister der SPD, dann ebenfalls VW-Lobbyist. Dieter Spöri, Wirtschaftsminister in Baden-Württemberg, und Joachim Koschnicke waren Strategen für Angela Merkels Wahlkampf. Michael Jansen war ihr ehemaliger Büroleiter. Sie alle hatten intime Einblicke in die Politik erlangt und waren bestens vernetzt. Jetzt waren sie Lobbyisten bei Volkswagen, Daimler, Opel oder dem Verband der Automobilindustrie.

Dobrindt wird im Schwarzbuch als »Doppelspieler« bezeichnet. »Dobrindts Lösungsansätze für den Skandal schrammen dicht an der Untätigkeit vorbei«, heißt es. Überhaupt finden sich die Buchstaben VW in dem Buch so oft, dass man meinen könnte, die Bundesregierung würde von Volkswagen finanziert.

Im besten Fall waren die deutschen Kabinette für die mächtige Autoindustrie eine Rekrutierungsagentur – und sie sind es auch heute noch.

Die Marktmanipulation

Neue Ermittlungen begannen. Winterkorn war in das Fadenkreuz von zwölf Staatsanwälten aus Braunschweig geraten, die gegen ihn den Verdacht auf Marktmanipulation hegten. Die Frage war natürlich, ob die Aktionäre zu spät über den Skandal unterrichtet worden waren.

Zu den Braunschweiger Staatsanwälten gesellte sich auch die bayerische Landesregierung. 700.000 Euro hatte der bayerische Pensionsfonds durch die VW-Aktie verloren. Die Streitsumme aller Klagen lag inzwischen bei fast 4 Milliarden Euro. Die Zahl der privaten Aktionäre, die gegen VW klagten, fiel von 278 auf 277. Für immerhin 170 davon ging es voran. Ein Musterverfahren wurde eingeleitet. Während in Deutschland 1,9 Millionen VW-Kunden per Post informiert wurden, dass das Kraftfahrt-Bundesamt die 60-Euro-»Nachrüstungen« bewilligt hatte, legten die US-amerikanischen Kläger am 28. Juni einen Vergleich vor. Die Entschädigungszahlungen und Bußgelder summierten sich darin auf 13,3 Milliarden Euro. Das Gericht nickte den Vorschlag am 26. Juli 2016 ab. Später einigte man sich auf eine Gesamtsumme von 13,6 Milliarden Euro.

Der Drei-Liter-Motor blieb in den USA ein Streitpunkt. Die Behörden lehnten den VW-Vorschlag zur Nachrüstung ab, denn der sei »unvollständig, erheblich unzureichend und blieb hinter den gesetzlichen Anforderungen zurück«. Wenn die Umrüstung unmöglich war, müssten die Autos eben zurückgekauft werden. Das wäre auf eine Milliarde Verlust für den Konzern hinausgelaufen, denn es handelte sich um 85.000 Wagen. Allein in den Staaten wäre der systematische Betrug zum Verhängnis für VW geworden.

Und es kamen noch immer weitere Prozesse hinzu. Der norwegische Staatsfonds forderte 680 Millionen Euro Schadensersatz. In Südkorea saß wenig später der erste VW-Manager wegen Verdachts auf Dokumentenfälschung in Haft. Das koreanische Umweltministerium verbot die Zulassung von 80 Modellen, da diese auf falscher Grundlage erfolgt war. Das umfasste nun fast das komplette VW-Angebot auf der asiatischen Halbinsel. Außerdem verhing die koreanische Regierung eine Strafe von 14,3 Millionen Euro. VW wollte weitere Gerichtsverfahren vermeiden und schloss den juristischen Weg aus. Der Konzern versprach Besserung. Die Verkaufszahlen fielen um 96 Prozent. Erst Anfang 2018 würde Volkswagen wieder von vorn anfangen und neue Bentleys und Passats auf die südkoreanischen Straßen bringen.

Die Rettung kam von den betrogenen Kunden selbst. Im ersten Halbjahr 2016 flossen wieder Gelder in die Kassen. Die Entschuldigungsoffensive und die Versprechen einer besseren Zukunft überdeckten die häppchenweise Aufklärung der neuen Führungsebene. Die Käufer schienen dem Konzern vergeben zu haben.

Die Gnade der Kunden allein reichte jedoch nicht aus. Das südkoreanische Verkaufsverbot brachte das Gebilde zu Beginn der zweiten Jahreshälfte wieder zum Wackeln. Ab September drohte für das Werk in Emden eine Vier-Tage-Woche.

Dann knickte vor einem US-Gericht der erste VW-Ingenieur ein: In Detroit gestand er seine Beteiligung an der Manipulation. Bereits seit 1983 hatte der Mann für VW gearbeitet. 2006 hatte der inzwischen 62-Jährige mit der Entwicklung der Software begonnen. 2008 war er »Leader of Diesel Competence« im VW-Testlabor in Oxnard, Kalifornien, geworden. Er bot dem Gericht seine volle Kooperation an und konnte dadurch auf ein vermindertes Strafmaß hoffen. Bei voller Härte hätten ihm fünf Jahre Freiheitsstrafe und 250.000 Euro Bußgeld gedroht.

Erst durch diesen Ingenieur wurde endlich Licht ins Dunkel gebracht. Der systematische Betrug über die vielen Jahre hinweg wies darauf hin, dass viele Instanzen innerhalb des Konzerns von der Sache gewusst und die Gefahr der Entdeckung in Kauf genommen haben mussten. Es konnten seit Langem nicht nur die Techniker und Entwickler daran beteiligt gewesen sein. Es war ganz einfach so gewesen, dass die Motorenentwicklung keine technischen Wunder hatte vollbringen können. Es war schlicht unmöglich gewesen, den Umweltgesetzen gerecht zu werden und gleichzeitig die Preisvorgaben zu halten. Und deshalb hatte VW sich ganz bewusst für den Kurs durch die Illegalität entschieden.

Die Perfidität, mit der so viele Instanzen nach Strich und Faden betrogen worden waren, schockierte in den USA genauso wie in Deutschland. VW sicherte zwar die weitere Kooperation mit der Justiz zu, machte zu diesem Zeitpunkt aber keine weiteren Aussagen mehr gegenüber der Presse.

Aus der nun folgenden Ermittlung ging hervor, dass Winterkorn – auch wenn die Entscheidung nicht in seiner Amtszeit als Vorsitzender gefallen war – spätestens im Juli 2015 Bescheid gewusst haben musste. Bereits einen Monat bevor sich die US-Anwälte einschalteten.

Das genaue Datum war dabei ein Streitpunkt für die Aktionäre. Am 19. September sollte der Anspruch auf Schadensersatz für die VW-Anleger eigentlich verjähren, ein Jahr nach Offenbarung des Skandals. Zu diesem Zeitpunkt war die Anzahl der Klagen auf 1.400 gewachsen. Würde bewiesen werden können, dass Winterkorn die Aktionäre zu spät vom Ausmaß des Skandals in Kenntnis gesetzt hatte, würde ein rechtlicher Anspruch auf insgesamt 8,5 Milliarden Euro entstehen. Vielleicht daher das Zeitspiel des Konzerns und die offensichtliche Verschleierung der Manipulationsgeschichte:

Die Taktik würde sich mit der Verjährung auszahlen – sofern diese tatsächlich rechtskräftig würde.

In den USA konnte sich VW mit den Händlern einigen. Die angebotenen Vergleiche für den Zwei-Liter-Motor wurden von Richter Charles Breyer abgesegnet. VW musste insgesamt 15,2 Milliarden Euro in die USA schicken.

Das allerdings war für den Konzern weit weniger schlimm als vermutet. Kaum zu glauben, aber die Bilanz erholte sich weiter. Der Gewinn der ersten drei Quartale 2016 lag bei 8,65 Milliarden Euro. Volkswagen hatte trotz der hohen Kosten des Skandals und des kurzzeitigen Einbruchs der Verkaufszahlen ein gutes Stück der alten Größe zurückerlangt. 2014, vor dem Skandal, hatte der Gewinn in den ersten drei Quartalen bei 9,4 Milliarden gelegen. Es war, als wäre nichts geschehen.

Parallel zur betriebswirtschaftlichen Erholung kam die sinnlose Nachrüstung in Deutschland nur schleppend voran. Erst 10 Prozent der betroffenen Autos, rund 240.000 Fahrzeuge, waren bisher in der Werkstatt gewesen und nun offiziell legal, aber nicht weniger schmutzig als zuvor herausgekommen.

Die Staatsanwälte in Braunschweig hatten Ende 2016 auch den VW-Aufsichtsratsvorsitzenden Hans Dieter Pötsch im Visier. Bereits seit September 2003 war er bei VW für Finanzen und Controlling zuständig gewesen. Er hatte in jeder relevanten Sitzung zum Skandal gesessen und einen Monat nach der schicksalshaften Automesse den Posten des Chef-Controllers übernommen.

Die Umstrukturierung des Konzerns war im November 2016 ein großes Thema. Es ging vor allem um den Abbau von Arbeitsplätzen. Die Überraschung: Nicht der Skandal, sondern der neue Fokus auf Elektroautos werde die Stellen kosten. »Über die Jahre betrachtet wird es weltweit um eine fünfstellige Zahl gehen«, sagte VW-Personalvorstand Karlheinz Blessing der *Frankfurter Allgemeinen Zeitung* 2016. Grund dafür sei, dass Elektromotoren weit weniger Komponenten benötigten und in der »Fertigung langfristig weniger Mitarbeiter« gebraucht würden. Mit Verweis auf die fehlenden Verbrennungsmotoren konnte VW 30.000 Stellen abbauen, 23.000 davon in Deutschland. Das Ganze, ohne den Grund im Skandal sehen zu müssen. Und damit handelte es sich also nicht um betriebsbedingte Kündigungen – bei denen die Arbeitnehmer ihr Recht auf Weiterbeschäftigung gegebenenfalls hätten einklagen können.

Ministerpräsident und Aufsichtsrat Weil nannte das eine »bittere Pille«.

Für den Elektroausbau wurde die neue VW-Tochter MOIA gegründet. Mit derzeit nur 50 Mitarbeitern plant das Unternehmen bis 2025 »der weltweit führende Mobilitätsdienstleister« zu werden. Der neue Name im Traditionskonzern sollte es den Menschen in Großstädten ermöglichen, unkompliziert Fahrten mit Elektroautos vermittelt zu bekommen. Volkswagen versuchte alles, um ein neues Image aufzubauen. Nicht mehr nur das Auto stand im Mittelpunkt, sondern nun die Zukunft des Verkehrswesens an sich. Und die sollte fortschrittlich sein, modern und vor allem: sauber.

Nachdem sich die Lage in den USA zunächst ein wenig zu entspannen schien, standen Ende 2016 plötzlich neue Vorwürfe im Raum. Ähnlich wie zuvor in Hannover waren Beweismittel verschwunden. Diesmal fehlten die Mobiltelefone einiger VW-Manager und ihre E-Mails. Was auch immer im Einzelnen für Informationen betroffen waren: Die fehlenden Details schienen so belastend zu sein, dass das Bild des kooperativen Konzerns, das Müller in der Öffentlichkeit abgeben wollte, gefährdet war.

Dann schaltete sich endlich die EU ein. Im Dezember 2016 reichte Brüssel ein »Vertragsverletzungsverfahren« gegen Deutschland ein, da die Bundesregierung die eigenen Gesetze bei Volkswagen nicht durchsetzte und die Aufklärung durch das Vorenthalten technischer Informationen behinderte. Im Mittelpunkt stand dabei Dobrindt, der sich geweigert hatte, die Autohersteller zu sanktionieren. Zudem hatte sein Ministerium wichtige Informationen unterschlagen. Die Ergebnisse der internen Abgasprüfungen waren unmittelbar nach dem Skandal nur teilweise veröffentlicht worden. Ganze Passagen waren herausgestrichen. Das Kraftfahrt-Bundesamt wollte weiterhin keine Aussage zu den neuen – tatsächlichen – Abgaswerten nach dem Softwareupdate machen, da es sich um »Betriebs- und Geschäftsgeheimnisse« handelte. Eine ausführliche Investigation des ZDF stieß auf umfassende Widerstände. Als die Informationen vom Sender eingeklagt wurden, blockierten die Ministerien das Verfahren, wo sie nur konnten.

Dobrindt äußerte sich zu all dem kaum. Das war Wasser auf die Mühlen des Untersuchungsausschusses der Opposition. Vorsprechen mussten neben Dobrindt auch Bundeswirtschaftsminister Sigmar Gabriel, Umweltministerin Barbara Hendricks und Kanzleramtschef Peter Altmaier. Ebenso der Lobbyist Matthias Wissmann und die Vertreter von Audi und Opel. Die Untersuchung ging jedoch nur schleppend voran.

Und kurz vor Weihnachten 2016 wurde dann bei VW doch ein Stellenabbau angekündigt. Bis 2021 sollten 1.500 Arbeitsplätze bei VW-Nutzfahrzeuge in Hannover abgebaut werden. Auch diese Kündigungen sollten aber nicht als betriebsbedingt gelten.

Der Weltmarktführer

Durch den Erfolg der amerikanischen Klagen beflügelt, fühlte sich der Internet-Rechtsdienstleister MyRight im neuen Jahr dazu berufen, die Interessen der deutschen VW-Kunden zu vertreten. Nur existiert das amerikanische Konzept der Sammelklage in Deutschland nicht. Es gab anlässlich des Abgasskandals einen Gesetzesentwurf von Justizminister Heiko Maas, über den eine Musterklage für die Verbraucher ermöglicht werden sollte. Das Papier war vom Finanz-, Umwelt- und Justizministerium abgesegnet. Doch die Arbeit des Ministerkollegen und die Hoffnung von Tausenden Klägern zerstörte Dobrindt mit einer einzigen Notiz im Entwurf: »Lehnen wir ab!!! Komplett streichen!« Und tatsächlich wurde der entsprechende Absatz gestrichen. Die Verbraucher bekamen keine Chance auf eine geordnete Klage. Stattdessen mussten die Fälle einzeln bewertet werden. Weiterhin ist ein Vorgehen wie bei den Aktionären, bei denen ein Musterkläger stellvertretend behandelt wird, nur bei Kapitalanlegern möglich – und nicht bei betrogenen Verbrauchern. Traurig, aber wahr: Der einfache Bürger zählt in diesem Land nicht.

MyRight blieb nur die Hoffnung, durch eine einzelne Klage ein Exempel schaffen zu können.

In den USA kam es zu einem weiteren Vergleich zwischen dem VW-Konzern und dem Justizministerium und der Zollbehörde. Die Anklage lautete auf Verschwörung und Behinderung der Justiz durch die Vernichtung von Beweismitteln. VW zahlte eine Rekordstrafe von 4,1 Milliarden Euro. Zuvor war der Rekord in den Staaten von den beiden südkoreanischen Herstellern Hyundai und Kia gehalten worden. Die hatten für einen Verstoß gegen denselben »Clean Air Act« 300 Millionen

Dollar gezahlt. Einen großen Teil der Geldstrafe musste VW wegen des Betruges zahlen. Der Rest war Bußgeld.

Bei den Verhandlungen in Amerika waren sechs Kronzeugen maßgebend. Sie lieferten dem FBI sensible Informationen, die letztlich zu einer Verhaftung führten. Die Agenten des Büros griffen am 7. Januar VW-Manager Oliver Schmidt in Miami auf der Flughafentoilette auf – kurz bevor er in den Flieger nach Deutschland steigen konnte. Er war Leiter des VW-Umweltbüros in den USA. Ein Mann aus dem mittleren Management also. Für den Fall der Aktionäre sollte er von tragender Bedeutung werden.

Die VW-Spitze konnte sich hingegen glücklich schätzen. Während Dobrindt ihre Machenschaften verwischte und das mittlere Management verhaftet wurde, machte der Konzern wieder Gewinne. 5,4 Milliarden Euro waren es allein 2016. »Meine Herren, wir sind zuversichtlich, die Diesel-Krise bewältigen zu können und sogar gestärkt aus ihr hervorzugehen«, verkündete Aufsichtsratsvorsitzender Pötsch stolz auf der VW-Hauptversammlung. 10,3 Millionen Fahrzeuge verkaufte der Konzern im Jahr 2016. Der Wolfsburger Autobauer hatte es geschafft. Er wurde der größte im Business.

Nur Winterkorn war nicht mehr dabei, um den Erfolg zu feiern. Dabei war doch er selbst es gewesen, der 2007 den ambitionierten Plan formuliert hatte, Weltmarktführer zu werden. Im Januar 2017 stand er vor dem Untersuchungsausschuss der Bundesregierung. Zum ersten Mal seit seinem Rücktritt zeigte er sich in der Öffentlichkeit. »Es ist nicht zu verstehen, warum ich nicht frühzeitig und eindeutig über die Messprobleme aufgeklärt worden bin.«

Damit schob er den schwarzen Peter wieder dem restlichen VW-Management zu, seinen ehemaligen Kollegen also.

Was den Prozess zum Schadensersatz anging, wurde vor Gericht entschieden, dass Winterkorn nicht würde aussagen müssen. Immerhin bestünde die Gefahr, dass er sich selbst belastete.

In Braunschweig lagen inzwischen mehr als 1.500 Schadensersatzklagen über insgesamt 8,8 Milliarden Euro vor. Trotz der Verjährung im vergangenen September kamen wegen der unklaren Rechtslage weitere Forderungen hinzu. Über die genaue Frist der Verjährung sollte noch lange Unklarheit herrschen.

Seine Bogenhausener Villa hatte Winterkorn inzwischen an eine GmbH & Co KG übertragen, die im Besitz von ihm und seiner Ehefrau war. Dadurch war wenigstens der Anteil seiner Frau Anita Winterkorn sicher. Und diese Absicherung sollte Winterkorn noch brauchen.

Denn: Die Staatsanwaltschaft in Braunschweig weitete ihre Ermittlungen aus. Bisher standen 21 VW-Mitarbeiter unter Verdacht des Betruges. Jetzt wuchs die Zahl auf 37. Von den Vorstands- oder Aufsichtsratsmitgliedern war niemand darunter – abgesehen von diesem einen ehemaligen Vorsitzenden. Es gab Anhaltspunkte, dass Winterkorn ebenfalls in den Betrug verwickelt war – die zweite Klage, neben dem Vorwurf der Marktmanipulation. Seine Münchner Wohnung wurde durchsucht. Zudem gab es Razzien in Wolfsburg, Gifhorn und Braunschweig, in insgesamt 28 Wohnungen.

Winterkorns Glaubhaftigkeit wackelte zusehends. Niemand anderes als Ferdinand Piëch, sein früherer Patron, wollte schon während der Tests durch die Umweltbehörden im Februar 2015 von dem Betrug erfahren haben. Er habe mit Winterkorn sogar darüber geredet. Piëch belastete sich mit der Aussage selbst schwer, da es als Aufsichtsratschef nicht zuletzt seine Aufgabe gewesen wäre, auf eine derartige Information zu reagieren. Auch andere Aufsichtsräte wurden durch den Großaktionär belastet. Darunter der Ministerpräsident Weil, der heftig reagierte und Piëchs Aussage als »Fake News« abtat. Weil wies darauf hin, dass es zwischen Piëch und dem Aufsichtsrat viel Konflikt gegeben habe. Piëchs Vorwürfe seien »nicht bewiesen und nicht beweisbar«.

Der schwarze Peter wurde zwischen den Managern und Politikern weitergereicht wie auf einem Kindergeburtstag. Ein weiterer Mediensturm kam auf, vermeintlich ging es um die Interna des Konzerns. Letztlich wusste man jedoch nicht mehr als zuvor. Es war bloß das schlammige Wasser aufgewirbelt worden, das Bild schien immer unübersichtlicher.

Und derweil geschah, was immer geschieht, was der gemeinsame Nenner aller Geschichten über sämtliche Versager in der höchsten Gehaltsklasse ist: Die amtierenden Vorstände nutzten die Gelegenheit und kassierten munter vor sich hin. Managerin Christine Hohmann-Dennhardt erhielt, wie das *Manager Magazin* berichtete, nach ihren 13 Monaten als VW-Chefjuristin in ihrer neu gegründeten Abteilung zwei Jahresgehälter als Abfindung – etwa 12 Millionen Euro. Der teure Austritt wurde nur sehr vage begründet, mit »unterschiedliche[n] Auffassungen über Verantwortlichkeiten«. Christine Hohmann-Dennhardt schien ihre Verantwortung, den Skandal aufzuklären, nicht im Sinne der VW-Spitze wahrgenommen zu haben. Wahrscheinlich hatte sie die Sache zu ernst genommen.

Der Vorstand hatte im Jahr 2016 Zuwendungen von 59,8 Millionen Euro erhalten. Das also war der Lohn für die giftigen Autos, die durch Betrug verkauft worden waren und die infolge der nationalen Relevanz des Konzerns inzwischen offiziell Gesundheit und Umwelt schaden durften.

Unbemerkt kamen die Vorstände damit aber nicht davon. Es folgte ein Aufschrei. Der Betriebsrat und die Gewerkschaft IG-Metall forderten ein neues Vergütungssystem. Zumal an anderer Stelle so viel gespart werde. Zwar sollten zu diesem Zeitpunkt keine weiteren Arbeitsplätze abgebaut werden, aber das Schicksal von unzähligen Leiharbeitern war ungewiss. Viele VW-Angestellte mussten fürchten, in absehbarer Zukunft einfach keinen neuen Vertrag angeboten zu bekommen.

Der Aufsichtsrat reagierte kollegial. Man hob das Fixgehalt an – und senkte die wesentlich höheren, variablen Bonuszahlungen. Wo Martin Winterkorn in seinen besten Jahren 15,4 Millionen erhielt, sollten Matthias Müller und seine Nachfolger nur noch 10 Millionen Euro zustehen. Andere Vorstände nur 5,5 Millionen. Die armen Manager würden von den japanischen Zierkarpfen auf stinknormale Goldfische umsteigen müssen.

Auf Bundesebene wurde endlich Verkehrsminister Dobrindt vor den Untersuchungsausschuss bestellt. Der Mann mit der Hornbrille spielte den Unschuldigen. Seine Macht schien so groß zu sein, dass es niemanden mehr störte, wenn der Vertreter des Volkes als Vertreter der Autoindustrie auftrat.

Im Bundestag konfrontierte ihn die Grüne parlamentarische Geschäftsführerin Britta Haßelmann regelmäßig mit seinen Versäumnissen. Als Minister hatte er über Jahre hinweg Anfragen ignoriert und damit das Fragerecht des Bundestages übergangen. Der CSU-Politiker ließ sich nicht verunsichern. Sein mildes Lächeln und seine tiefe Stimme mit oberbayerischem Dialekt blieben unverändert, als er die »kleinen Anfragen« kommentierte. »Ich freue mich über jede einzelne, die ich von Ihnen bekomme, und freue mich auch, dass die

Antworten unseres Hauses zur Wissensmehrung bei Ihnen beitragen. In der Regel zur Korrektur dessen, was Sie falsch oder ideologisch schon in Ihren Fragen implementiert haben. Und wir werden das genau so weitermachen. Sie kriegen die richtigen Antworten auf Ihre oft falschen Fragen.«

Schnell wurde er vom Bundestagspräsidenten Norbert Lammert gerügt. »Die Freude über die Vielzahl der Anfragen ist Ihrem Ministerium in ihrer Art und Dauer der Beantwortung nicht immer anzumerken. Ihre Ankündigung, Ihre bisherige Praxis genauso fortzusetzen, würde ein Problem, nicht nur mit der betroffenen Fraktion, auslösen.«

Aber Dobrindt gab sich weiter selbstgefällig. Der Autominister schien unantastbar.

In 28 Sitzungen bewertete der Untersuchungsausschuss der Grünen und Linken das Verhalten der Großen Koalition während des Abgasskandals. 70 Zeugen wurden vernommen. Zuletzt Bundeskanzlerin Angela Merkel selbst, die einräumte, dass sie von Stickoxid-Richtlinien gewusst habe, die nicht eingehalten werden konnten. »Wir haben ja keinen Skandal«, behauptete sie, »VW hat einen Skandal«.

Im Mai 2017 kam der Ausschuss zum Schluss. Das Ergebnis verkündete allerdings die Große Koalition, die über sich selbst richtete: »Es gibt keinen Grund, das Verhalten der Bundesregierung zu beanstanden.«

Einen Skandal gebe es in der Regierung nicht. Wobei ein solches Eingeständnis auch niemand erwartet hatte – immerhin standen im September Wahlen an. Die Position blieb: Die Regierung habe erst durch die Zeitungen von dem Skandal erfahren. Dobrindts Initiative zur Aufklärung sei genau richtig. Das Kraftfahrt-Bundesamt habe trotz Warnung von ADAC und Europäischer Union »keinen konkreten Anlass, nach illegalen Abschalteinrichtungen zu suchen«. Und überhaupt sei das Stickstoffdioxidlevel in Deutschland unbedenklich.

Grünen-Politiker Oliver Krischer resümierte: »Wenn Union und SPD nun auch noch beginnen, Gesundheitsgefahren von Stickoxiden in Zweifel zu ziehen, dann bekommt das fast schon trumpsche Züge.«

So konnte das Verkehrsministerium weiter arbeiten wie gehabt. Es beraumte für August 2017 ein »Nationales Forum Diesel« an. Eingeladen waren Politiker und Vertreter der Autoindustrie. Und abermals keine Verbraucher- und keine Umweltschutzverbände. An der Häuserfront befestigte Greenpeace ein Banner. »Willkommen in Fort NOx«. Die Umweltschützer erschienen zahlreich. »Es ist eine reine Schauveranstaltung«, sagte Jürgen Resch, Chef der Deutschen Umwelthilfe. »Es sitzen dort Marionetten, die eben schon in den zwei Wochen vorher auf Arbeitsebene, und zwar zwischen Autoindustrie und Politik ausgemacht haben, was alles jetzt passiert.« Resch gehörte zu den Umweltschützern, die tief in der Thematik steckten, aber nicht eingeladen worden waren. Grund für Reschs Empörung war aber vor allem, dass ihm das Ergebnis des Forums schon vor Beginn übermittelt worden war. Es ging nur noch um ein paar Zahlen, die eingesetzt werden sollten.

Dementsprechend klopften sich dieselben Politiker und dieselben Lobbyisten auf dieselben Schultern und waren sich schnell einig. Der Kurs blieb wie gehabt: Die Deutschen Autohersteller mussten die Manipulationssoftware auf eigene Kosten entfernen. Und jeder Fahrer, der ein Auto mit alten Abgasnormen fuhr, durfte es verschrotten lassen und dafür günstig einen Neuwagen von den deutschen Herstellern erwerben. Eine weitere »Umweltprämie« für den Konzern. Nur dass der Verbraucher diesmal alles selbst zahlen musste –

und dann neu kaufen durfte. Mit der Manipulationssoftware betrog sich die Volkswagen AG ihren Weg zu einem Umsatz von über 200 Milliarden Euro und brachte mit der Abgasaffäre die deutsche Wirtschaft in Bedrängnis.

Die Aktionäre konnten als Letzte hoffen, aus den Taschen der verantwortlichen Vorstände bezahlt zu werden. Es fanden sich immer neue Kläger. Die Deka Investment GmbH wurde am 3. März 2017 zum Musterkläger der Aktionäre gegen VW. Der Fall sollte über 1.470 Anleger entscheiden, die gemeinsam 1,9 Milliarden Euro forderten. Sechs Monate blieben nun noch, um die Ansprüche geltend zu machen. Dann sollte die Verjährung tatsächlich und endgültig in Kraft treten. Die Verhandlung wurde für den 9. April 2018 angesetzt.

Im Mai 2017 schaltete sich wegen der Marktmanipulation auch die Staatsanwaltschaft in Stuttgart ein. Ihr Ziel war die schwäbische Porsche SE, die über 50 Prozent Anteile der Volkswagen AG hält. Dessen Vorstand zum Zeitpunkt der Manipulation war Matthias Müller. Der derzeitige VW-Chef gesellte sich zu Winterkorn und Pötsch auf die Anklagebank.

In Bayern wurde von der Staatsanwaltschaft in München die VW-Tochter Audi durchsucht. Gleichzeitig gab es eine weitere Razzia in Wolfsburg. 80.000 US-Audis waren Gegenstand der Untersuchung. Im Juni darauf waren es die Audi Modelle A7 und A8, bei denen illegale Vorrichtungen gefunden wurden. Das Verkehrsministerium forderte pflichtbewusst den Rückruf von 14.000 Fahrzeugen. Etwa 12.000 weitere fuhren im Rest Europas noch über die Straßen.

Im August gestand der in der Flughafentoilette gefasste Manager Oliver Schmidt dem US-Richter Sean Cox in Detroit seine Schuld. Er erhielt das maximale Strafmaß: Sieben Jahre

Gefängnis und 400.000 Dollar für die Anteilnahme an der Verschwörung zu Betrug und den Verstoß gegen US-Umweltgesetze. In die USA wird Schmidt nach seiner Haft vermutlich nie wieder einreisen dürfen.

Schmidt wurde zum Bauernopfer aus dem mittleren Management. Angeblich erhielt der 48-Jährige sogar in seiner Zelle in Michigan den Brief seiner inzwischen ehemaligen Vorgesetzten. VW kündigte dem Häftling kurz nach seinem Urteil. Zu rechnen hatte er auch mit Schadensersatzforderungen durch Volkswagen. Dafür, dass er vor Gericht die Wahrheit gesagt hatte.

Die Kooperation entsprach einfach nicht der vonseiten der Zentrale eingeschlagenen Linie. Schmidts Aussagen widersprachen massiv den Darstellungen VWs aus dem Jahr 2016. Die Spitze bei Volkswagen habe sehr wohl von der Software gewusst. Schmidt selbst habe dem Unternehmen bereits 2014 nahegelegt, »ehrlich zu werden« und den Verlust auf 23 Milliarden Dollar kalkuliert.

Eine akkurate Schätzung, wie sich später herausgestellt hatte. Schmidt berichtete darüber hinaus, die Software am 27. Juli 2015 in der VW-Zentrale in Wolfsburg vorgezeigt zu haben. Das Datum war ein entscheidender Streitpunkt vor Gericht, da die Anleger dieser Aussage zufolge zwei Monate lang betrogen worden wären und damit einen möglichen Anspruch auf Wertverfall gehabt hätten.

Winterkorn war, wie der *Spiegel* berichtete, in einem Routinebericht bereits am 22. Mai 2014 auf den Betrug hingewiesen worden. Ein ganzes Jahr vor dem Skandal. Ob er die im Bericht extra hervorgehobene Warnung gelesen hatte oder ob er von den Übersee-Geschäften prinzipiell genervt gewesen war, spielte dabei keine Rolle. Verantwortungsbewusst und mit angemessener Sorgfalt hatte er jedenfalls nicht gehandelt. Ahnungslosigkeit an der Spitze ist keine Ausrede, sondern ein Zugeständnis des Versagens.

Sollten die Vorwürfe stimmen, wird Winterkorns Managerhaftpflichtversicherung nicht greifen. Er würde mit seinem Privatvermögen haften. Das wurde 2017 vom Wirtschaftsmagazin *Bilanz* auf 150 Millionen Euro geschätzt.

Die VW-Politik gegenüber Winterkorn war eisern. Sie ließen sich zu keiner Aussage über den ehemaligen Chef hinreißen, außer, dass er nicht mehr dem Unternehmen angehöre.

Die Geschädigten

Es dauerte nicht allzu lange, bis die nächste Empörungswelle aufbrandete. Skandalnachrichten über Deutschlands Lieblingsautobauer gehörten inzwischen zum Kalender wie der Rhythmus der Jahreszeiten. Im Januar 2018 veröffentlichte die amerikanische Zeitung *New York Times* einen geradezu unglaublichen Artikel. Basis für den Beitrag waren die Gerichtsakten aus den VW-Prozessen in den Staaten. Darin wurden Tierversuche des deutschen Konzerns im amerikanischen Albuquerque in New Mexiko offenbart. Bereits 2014, als der Dieselskandal nur für die Eingeweihten in Sicht war, sperrte ein Forschungslabor zehn Langschwanzmakaken mit den giftigen Dieselabgasen ein. Die Menschenaffen atmeten vier Stunden lang den Ruß der VW Beetle Motoren ein. Dabei wurden ihnen Cartoons gezeigt. Das schien sie zu beruhigen.

Hinter den Experimenten steckte die *Europäische Forschungsvereinigung für Umwelt und Gesundheit im Transportsektor* (EUGT), die von VW, Daimler, BMW und Bosch finanziert wurde. Mit der Untersuchung habe eigentlich gezeigt werden sollen, dass das NOx aus dem neuen Dieselmotor so gering sei, dass es kaum Auswirkungen habe.

Allerdings gehörte auch der verwendete Beetle zu den manipulierten Fahrzeugen. Das Institut stampfte deshalb das Experiment und seine Ergebnisse ein. Wissenschaftlich waren sie durch die Täuschung ohnehin wertlos. Die Affen wurden ganz umsonst vergiftet.

Niedersachsens Ministerpräsident Weil fand die Versuche »widerlich und absurd«. VW-Chef Müller bezeichnete sie in einem Statement als »völlig inakzeptabel«. Auch die Führung von Daimler und BMW distanzierte sich. Mit der sinnlosen Tierquälerei wollte niemand etwas zu tun haben. Die EUGT wurde, bis man sie 2017 auflöste, trotzdem von eben jenen Vorständen aus den Automobilkonzernen geführt, die auch heute noch ihren Dienst tun.

Ein Verhör zu den Versuchen wurde von Pötsch geführt. Man beschloss, dass er den Vorsitzenden Müller befragen sollte. Nur war Pötsch in der betroffenen Zeit selbst Finanzvorstand. Und Müller hatte seinen Posten noch gar nicht inne. Das *Handelsblatt* kommentierte die Sitzung mit: »Ein mutmaßlicher Mittäter und möglicher Mitwisser befragt das Opfer.«

Und es kam noch schlimmer. Die Chancen für ein Fahrverbot infolge der hohen Stickoxid-Emissionen standen nicht schlecht. Bereits 2008 bereitete eine Klage des Grünen-Politikers Dieter Janecek den Weg. Er überzeugte den Europäischen Gerichtshof davon, dass Anwohner saubere Luft in ihrem Umfeld einklagen können.

Immerhin sterben in Europa jedes Jahr 400.000 Menschen infolge der Luftverschmutzung. In beinahe 70 deutschen Städten sind die Stickoxidwerte zu hoch. Fast drei Viertel der Abgase sollen nach dem Umweltamt auf den Autoverkehr zurückzuführen sein.

Die Deutsche Umwelthilfe klagte. Die Luftreinhaltepläne der Städte Stuttgart und Düsseldorf waren nicht scharf genug. Sie bekam Recht, und die Städte gingen in Revision. Vor dem Urteil im Bundesverwaltungsgericht Leipzig zeigte sich Jürgen Resch dem BR gegenüber zuversichtlich. Der langjährige Bundesgeschäftsführer der DUH, der schon bei dem Nationalen Forum Diesel vor verschlossener Tür gestanden hatte, bedachte auch das Schicksal der rund 12 Millionen Dieselfahrer. »In dem Moment, in dem die Fahrverbote klar sind, wird die Automobilindustrie ihren Widerstand gegen die technische Nachrüstung beenden.« Die Forderung der DUH beschränkte sich nicht nur darauf, die Pest-Motoren von der Straße zu kriegen, sondern hoffte auch auf Entschädigung der betrogenen Kunden.

Und das Bundesverwaltungsgericht beschloss im Februar 2018, dass die örtlichen Fahrverbote zulässig seien und keine Regelung auf Bundesebene brauchten. Stuttgart kann dadurch sogar EURO-5-Fahrzeuge ab dem 1. September 2019 verbieten. Mit dem Urteil steht anderen Städten die Tür für ähnliche Verbote offen. Man ist fast geneigt, von einem Umbruch zu sprechen. Die Regierung bleibt fest in der Hand der Autolobby, aber die Gerichte stellen sich nun auf die Seite der Gesundheit.

Jürgen Resch fühlte sich bestätigt. »Wir erleben hier ein Debakel für die Regierungspolitik der großen Koalition, die sich eindeutig auf die Seite der Autoindustrie geschlagen hat.« Nach dem Urteil zeigte sich allerdings, dass sein Kampf noch lange nicht zu Ende ist. Es war der alte Kampf der Umweltschützer gegen die Automobilindustrie und die Regierung. Selbst in einem scheinbaren Sieg verlor die Umwelt, und die Rechnung zahlte wieder nur der Bürger. Denn das Gericht betonte, dass das Urteil keine Aussage darüber traf, was mit den Geschädigten passieren sollte.

Der Käufer, dem von VW und Co. ein sauberer Wagen versprochen worden ist und der jetzt auf einem Pest-Motor sitzt, wird weder vom Hersteller noch von der Regierung einen Ersatz bekommen. Er wird sein Auto in den betroffenen Zonen nicht mehr fahren können, und der Wertverlust liegt ebenfalls bei ihm. Hilfe bietet weiterhin nur die Hardwarenachrüstung, die zwischen 50 und 70 Prozent weniger Verschmutzung bedeuten könnte. Die Kosten dafür übernimmt jedoch niemand. Trotz Drängen, auch vonseiten des ADAC, regen die Hersteller keinen Finger. Das Gericht sieht das Problem, kann aber letztlich nichts dagegen unternehmen.

Ahnungslos, aber systemrelevant

In der Hauptversammlung des Konzerns sitzen drei Jahre nach der Offenbarung des Abgasskandals auf der Internationalen Automesse in den Staaten größtenteils noch dieselben Vorstände. Herbert Diess, Francisco Javier Garcia Sanz, Jochem Heinzmann, Andreas Renschler und Rupert Stadler waren bereits 2015 dabei – und sind es heute noch. Die meisten Vorstandsmitglieder konnten während des Skandals den Kopf unten halten und Millionenbezüge kassieren.

Verantwortung für die Fehler ihres Konzerns übernehmen sie nicht. Am wenigsten für die »Nachrüstungen«. Der ADAC prüft noch immer die vermeintlich »legalen« Fahrzeuge. Die Stickoxidwerte sind noch immer meilenweit vom Grenzwert entfernt. Die Rückrufaktion war purer Aktionismus, passend zu der versprochenen Aufklärung – es änderte sich nichts: Die betreffenden Wagen sind »nicht empfehlenswert im ADAC EcoTest«.

Ein SCR-Katalysator und ein Heizsystem könnten die Werte um 80 bis 90 Prozent verringern. Beides wurde nie eingebaut. Eine Umrüstung würde vermutlich 1.500 Euro kosten – da gibt man sich lieber mit dem billigen Softwareupdate für 60 Euro zufrieden. Man käme ansonsten allein für die 12 Millionen in Deutschland zugelassenen Dieselautos auf 18 Milliarden Euro Werkstattkosten. Für den ADAC kann es sich nur um »betriebswirtschaftliche Erwägungen« handeln, die dazu führen, dass man sich für die günstigere Variante entschied. Auf die Kosten für die Umwelt und die Bürger wird keine Rücksicht genommen. Denn niemand zieht den Hersteller für die Gesundheitsschäden der Bürger zur Verantwortung.

Der Schaden, der beim Verbraucher entstand, ist enorm. Alle Chancen auf einen Richtspruch sind verstrichen. Das Landgericht Braunschweig legte fest, dass durch die Nachrüstung keine Gefahr auf den Verlust der Zulassung besteht.

Der Wiederverkaufswert ist wesentlich geringer als gedacht, denn die Schadstoffwerte sind wesentlich höher als behauptet. Die Wertminderung wird jedoch nicht berücksichtigt. Der Kunde wurde über den Tisch gezogen, und niemand soll daran schuld sein.

Volkswagen, vorgeblich so interessiert an der Aufklärung, beantwortet aufkommende Fragen nach der Verantwortung des Konzerns nur teilweise. »Die Abgasreinigung ist nach der Umsetzung der technischen Lösungen ordnungsgemäß in Betrieb und entspricht den gesetzlichen Anforderungen.« Zu den genauen Werten gibt es keine Informationen. Denn VW »versteht die Verordnung so, dass der Grenzwert nur im Labortest eingehalten werden muss.« Ganz wie Dobrindt es der Industrie zurechtgelegt hatte. »Dagegen sind die Grenzwerte nicht auf den regulären Straßenbetrieb anzuwenden.«

Dem deutschen Gesetz wurde Genüge getan.

Die Worte des Chef-Controllers Pötsch auf der Pressekonferenz im Dezember 2015 scheinen nicht zu gelten: »Kein Geschäft rechtfertigt es, gesetzliche und ethische Grenzen zu überschreiten.«

22,6 Milliarden Euro hat der Betrug den Konzern in den USA bisher gekostet. Allein die 560.000 betrogenen VW-Kunden erhalten jeweils 5.300 Dollar Entschädigung per Gerichtsbeschluss. Denn in den Staaten werden die belogenen Käufer entschädigt. Die Autos müssen vom Hersteller zurückgekauft oder umgerüstet werden. Die Stickoxid-Emissionen müssen um fast 100 Prozent gesenkt werden. Die schmutzigen Autos stehen meilenweit auf leeren Stellplätzen und warten auf ein technisches Wunder – oder die Verschrottung.

Trotzdem haben der Konzern und seine Vorstände keinen großen Schaden davongetragen. Die Aktie lag Anfang 2018 über 180 Euro. Höher als vor dem Skandal. Nur einzelne Bauernopfer wie Oliver Schmidt wurden zur Verantwortung gezogen. Die Bußgelder sind ein schwerer Schlag, aber sonst steht das Unternehmen um Matthias Müller besser da denn je. Dank der Großen Koalition.

Das alles hat seinen Grund. In jedem Monat, so berichtet der Verband der Automobilindustrie, stellen deutsche Autobauer etwa eine halbe Million Fahrzeuge her. Allein die Zulieferung beschäftigt 300.000 Deutsche, sie setzen seit 2010 jährlich im Inland über 40 Milliarden Euro um. Deutschland braucht die Autoindustrie. Der Verbrennungsmotor ist nicht zuletzt der Motor der Deutschen Wirtschaft. Auch weil es die Bundesrepublik versäumt hat, andere Industrien zu etablieren. Nicht einmal die große Chemieindustrie kann mit den Maschinenbauern mithalten. Ein Einbruch der Autoherstellung wäre eine wirtschaftliche Katastrophe für Deutschland.

Veröffentlichte Dokumente des Kanzleramts aus dem Jahr 2015 bestätigen diese Befürchtung: »Wegen der zentralen Rolle der Automobilindustrie für die deutsche Wirtschaft hat der Skandal bei VW das Potenzial, gesamtwirtschaftlich relevant zu sein.« Und aus dem Auswärtigen Amt heißt es, der Fall VW könne »das Image deutscher Firmen sowie das Label ›Made in Germany‹, das für höchste technische Qualität, Innovation, Zuverlässigkeit, Integrität und korrektes Regelverhalten steht, erheblich beschädigen«.

Die Volkswagen AG ist systemrelevant. Wer dem Konzern schadet, schadet dem Staat.

Jetzt ist Matthias Müller am Steuer und fährt die Ernte seiner vermeintlich korrupten Vorgänger ein. Trotz – oder sogar wegen – des systematischen Betrugs von Millionen Menschen auf der ganzen Welt wurde VW Weltmarktführer. Zwar sollte Müllers Gehalt auf läppische 10 Millionen gedeckelt werden, aber 2017 erhielt er dann doch 10,14 Millionen. Der Betrag von 140.000 Euro wirkt wie eine Bagatelle angesichts der Gesamtsummen – gleichzeitig aber dem Kunden jede Entschädigung zu verweigern, das ist, gelinde gesagt, dreist.

Und Müller hat keine neuen Ziele. Er präsentiert dasselbe Ziel, das Winterkorn auch hatte, nur – und diesmal tatsächlich – in Grün. Sein Kind ist der zweite Versuch des Imagewandels zum sauberen Volkswagen. Müller ist dabei nicht weniger ambitioniert als seine Vorgänger. Weltmarktführer will man trotzdem sein.

»Mit der nun verabschiedeten Planungsrunde schaffen wir die Voraussetzungen, Volkswagen bis zum Jahr 2025 zur weltweiten Nummer eins in der Elektromobilität zu machen«, sagte Müller nach einer Aufsichtsratssitzung Ende 2017. Die Mittel für den großen Schritt hat VW. Eine neue Batteriefabrik in Salzgitter erhält 200 Millionen Euro für die Forschung. Ganze 34 Milliarden werden in die Entwicklung neuer Technologien gesteckt. Digitalisierungen, Autonomes Fahren, Elektronische Mobilität. Im VW-Werk in Zwickau wird der Verbrennungsmotor ganz verbannt. VW I.D., das neue Elektromodell, wird hier gebaut, aber auch die E-Autos für Audi und Seat. Skoda wird im Heimatland Tschechien produziert. Der VW-Passat wandert ab Ende 2018 von Zwickau vollends nach Emden. Genauso wird der VW Golf 8 komplett in der Kernstadt Wolfsburg montiert werden.

Wo VW als Konzern kaum noch vertrauenswürdig erscheint, und ihre Verbrennungsmotoren für immer als schmutziger gelten werden als die ohnehin schon dreckigen Motoren der Konkurrenz, will der Konzern sich in Deutschland ein Alleinstellungsmerkmal in der Elektromobilität sichern. Damit vollführt Müller den Imagewandel und leitet gleichzeitig einen lange überfälligen Kreuzzug in den Markt ein.

Und seine Strategie scheint aufzugehen. Er kapitalisiert den Skandal. 2017 wurde der Rekord vom Vorjahr noch einmal gebrochen. 10,74 Millionen Autos wurden weltweit abgesetzt. Mehr als die Hälfte von der Hausmarke VW. Die Vormachtstellung ist verteidigt. Auch in den USA sind die Zahlen wieder gut. Die Verkäufe stiegen um 4 Prozent.

Auf der IAA in Frankfurt am Main kündigte Müller die radikale Wende zum Elektromotor an. Im ZDF-Mittagsmagazin resümiert er am darauffolgenden Tag die Jahre nach dem Skandal: »Ich denke, dass wir diese zwei Jahre zur Selbstbedienung – äh, Selbstbesinnung genutzt haben.«

Müller fuhr nach Amtsantritt nach eigener Aussage »auf Sicht«. Worauf geschaut wurde, ist jetzt vollkommen klar.

Sein Vorgänger ist ebenfalls gut aufgestellt. Der Mann, der bedauert, dass sein Name für immer mit dem Skandal in Verbindung steht, ist jetzt Rentner. Er liegt in seinem Villengarten in Bogenhausen und telefoniert. Mit VW. Mit Pötsch. Mit ehemaligen Kollegen und Vertrauten. Früher wollte er von den Machenschaften seines eigenen Konzerns nicht viel wissen. Er schickte die Abgesandten aus den Staaten fort. Heute lässt ihn die Vergangenheit nicht los.

Winterkorns Vertrag lief am 31. Dezember 2016 aus. Er erhielt für seine Tätigkeit 1,6 Millionen Euro im Jahr. Für das letzte Jahr, in dem er gar nicht mehr Vorstandsvorsitzender war, erhielt er noch zusätzlich eine Bonuszahlung von 1,7 Millionen Euro. Die Betriebsrente, die ihm pro Jahr zusteht, beträgt 70 Prozent des Grundgehaltes, also 1,1 Millionen Euro. Das heißt, dass er seit 1. Januar 2017 jeden Tag über 3.000 Euro erhält. Bis zu seinem Ableben.

Wenn sich die Aktionäre vor Gericht durchsetzen, wird sich sein Vermögen allerdings schnell in Schadensersatz verwandeln. Das ist die einzige Hoffnung für die vielen Betrogenen.

Aber auch bei ihm bleiben einige Fragen zurück: Welche »politische Verantwortung« hat er übernommen, als er den Betrieb an Müller abgetreten hat? Musste Winterkorn als VW-Vorstand zurücktreten, weil er wusste, dass er im folgenden Gerichtsverfahren schmutzig kämpfen würde? Dass er gar seine Kollegen belasten würde?

Schmutzig ist in dieser Geschichte einfach alles. Der Diesel, die Motoren und vor allem das Verhalten der führenden Manager. Das wird sich im Konzern wohl so eingebürgert haben, als klar wurde, dass die Politik selbst so schmutzig ist, dass kein Foul mehr eine Strafe nach sich zieht. Wo ein

Vergehen früher moralisch eine Unmöglichkeit war, wurde es später zu einem kalkulierbaren Risiko und schließlich zu einem guten Geschäft. Die aus Politik-Alumni rekrutierte Lobby verdreht den Arm der Regierung nach eigenem Ermessen. Hohe Politiker wie Dobrindt lassen nahezu alles mit sich machen. Die Verantwortung gegenüber dem Volk, das sie gewählt hat, nimmt kaum jemand wahr.

4. KAPITEL

Der Unsichtbare – Anton Schlecker

Am 6. März 2017 betritt ein Geist den Saal 18 des Landgerichts Stuttgart. Es ist der Geist des Anton Schlecker. Kurz nach 9 Uhr schlurft der 72-jährige Unternehmer an dem Zuschauerraum vorbei, schaut sich noch einmal um und sucht nach seinem Platz. Er wirkt schwach. Kraftlos. Es ist nicht der Auftritt eines selbstbewussten, vor Kraft strotzenden Top-Managers, der glaubt über der Justiz zu stehen. Es ist der Auftritt eines Gefallenen. Schlecker geht mit dem Kopf voraus und zieht den Rest seines Körpers schlaff nach, die Hand halb gehoben – als würde ein Unsichtbarer ihn führen. Sein charakteristischer Pagenschnitt fällt ihm schwer auf die Stirn. Ein Mann, der nur noch ein Schatten seiner Selbst ist. Der Geist von einem Phantom.

Denn ein Phantom, das war Anton Schlecker sein Leben lang. In den Medien wurde er oft so bezeichnet – wenn es überhaupt etwas über ihn zu berichten gab. Abgekapselt hat Anton Schlecker gelebt. Hat über Jahrzehnte die Öffentlichkeit konsequent aus seinem Leben ausgeschlossen. Nur wenige Fotos existierten von ihm. Auf dem letzten, es ist aus dem Jahr 1999, ist sein Haar noch braun. Jetzt nimmt er Platz auf der Anklagebank, und die Öffentlichkeit schaut auf diesen Mann, dessen Name zu einem Synonym für die deutsche Wohlstandsgesellschaft geworden war. Schaut auf einen Mann, dessen Erbe zum Gegenstand einer der spektakulärsten Wirtschaftsprozesse der vergangenen Jahrzehnte wird.

Doch selbst hier, selbst vor den Kameralinsen ist der Mann nicht zu greifen, nicht zu einer öffentlichen Aussage bereit. Nur sein Anwalt stellt sich der Presse. »Herr Schlecker weist die Vorwürfe zurück. Wir werden uns damit auseinandersetzen, ein komplexes Verfahren«, sagt Norbert Scharf. Es sind die Aussagen eines Anwalts, der einen Top-Manager vertritt: Inhaltsleere Phrasen, unverfängliche Sätze.

Zwar ist Anton Schlecker in diesem Moment kein Multimilliardär mehr und es drohen ihm bis zu zehn Jahre Haft. Großes Mitleid hat jedoch niemand mit ihm. Zum einen fehlt es ihm an nichts, im Gegenteil, er lebt noch immer das Leben eines reichen Mannes. Zum anderen hat er sich seit der Insolvenz nicht einmal an seine ehemaligen Angestellten gewendet, er hat es noch nicht einmal zustande gebracht, sich zu entschuldigen, was ihm viele seiner früheren Angestellten persönlich übel nehmen. Die meisten der 25.000 Mitarbeiter und Mitarbeiterinnen sind für ihre Firmentreue mit Arbeitslosigkeit oder schlechten Übernahmebedingungen abgestraft worden.

Treue kennt Anton Schlecker nur gegenüber seiner Familie. Darum sitzen sie jetzt gemeinsam auf der Anklagebank. Hinter ihm seine Frau Christa, dahinter die beiden Kinder, Meike und Lars. Schlecker selbst wird vorsätzlicher Bankrott vorgeworfen. 36 Fälle sind bekannt, in denen er vor der Pleite seines Unternehmens angeblich insgesamt 26 Millionen Euro beiseitegeschafft hat. Geld, das eigentlich seinen Gläubigern und Mitarbeitern zugestanden hätte. Geld, dass er lieber an seine Familie verteilte. Sage und schreibe 26 Millionen Euro.

Die Bilder von dem Phantom gingen um die Welt: Der ehemalige König der Drogeriemärkte als Gefallener. Als Schatten seiner Selbst. Wie konnte es so weit kommen?

Die Phantom-Familie

Alles begann mit einer simplen Idee zum richtigen Zeitpunkt. Im Jahr 1974 verabschiedete die deutsche Bundesregierung ein Gesetz, dass die Preisbindung für Drogerieartikel aufhob. Ab sofort konnten Pflege- und Beauty-Produkte zu freien Preisen verkauft werden. Anton Schlecker, der »jüngste Metzgermeister Deutschlands«, witterte ein Geschäft und verwandelte die kleine Fleischwarenkette seines Vaters in einen Drogeriemarkt. Schlecker.

Sein Vorbild war Dirk Roßmann, der damals erst Ende zwanzig, aber schon seit drei Jahren im Geschäft war. Roßmann hatte am 17. März 1972 den ersten Selbstbedienungs-Drogeriemarkt in Deutschland eröffnet – und statt der geplanten 3.000 Mark am ersten Verkaufstag 20.000 in der Kasse gehabt.

Schleckers Konzept unterschied sich in einem Punkt wesentlich von Roßmanns. Es war auf eine einfache Formel zu bringen: Billig statt schön.

Im Jahr 1975 öffnete die erste Filiale in Kirchheim unter Teck, einer typischen deutschen Kleinstadt, 60 Kilometer von Stuttgart entfernt. Das war symptomatisch für Schleckers Strategie. Um seine Produkte zum günstigsten Preis verkaufen zu können, sparte Schlecker, wo er nur konnte. Er setzte nicht nur auf möglichst wenig Personal, sondern auch auf extrem billige B-Lagen. Manche Filialen öffneten außerhalb der Fußgängerzonen, aber noch nahe der Innenstadt. Schlecker-Märkte eröffneten sogar in kleinen Dörfern, in denen es sonst kaum Angebot gab. Der Firmengründer bezahlte Taxifahrer für Tipps zu billigen Immobilien und baute sich ein solides Informationsnetz auf. In den kleinen Läden, die er anmietete, wurde jeder Quadratmeter genutzt. Es türmten sich die Produkte auf den Regalen, die so eng standen, dass kaum zwei Einkaufswagen dazwischen passten. In den Läden arbeiteten nur so viele Service-Kräfte wie unbedingt nötig. Für den Kunden hatte das einen klaren Vorteil: extrem billige Ware. Anton Schlecker stieg genau zum richtigen Zeitpunkt in das Geschäft der Discount-Drogeriemärkte ein. Und verschaffte sich so den entscheidenden Vorteil. Der Neuling behauptete sich gegen die Alteingesessenen.

Zunächst waren Schlecker und Roßmann keine Konkurrenten. Sie agierten auf verschiedenen Spielfeldern. Der eine in Nord-, der andere in Süddeutschland. Dann stand plötzlich ein Manager der jungen Schlecker-Kette vor Roßmanns Tür und kündigte ihm die Expansion gen Norden an. Fast stand er wie ein Abgesandter da, der dem Fürsten eine Kriegserklärung unterbreiten sollte.

Schlecker wuchs wesentlich schneller als Rossmann. Nach zwei Jahren gab es bereits 100 Filialen, nach neun Jahren 1.000. Rossmann eröffnete nach zehn Jahren erst den hundertsten Laden. Schlecker expandierte sogar ins Ausland, bereits 1988 eröffneten Filialen in Spanien, den Niederlanden und Luxemburg. Die Billig-Drogerie wurde zur Goldgrube. In den 1990er-Jahren nahm Schlecker die neuen Bundesländer ein und wurde Marktführer.

Dirk Roßmann kannte das Ehepaar Schlecker persönlich. Im Rückblick sagte er Jahre später: »Fleißig waren die beiden, unglaublich.«

Zu seiner besten Zeit machte das Schlecker-Unternehmen einen Umsatz von über 7 Milliarden Euro; beschäftigt waren 36.000 Arbeiter in über 10.000 Filialen. Und die schiere Größe hatte einen besonderen Effekt: Sie machte Schlecker noch größer, denn ein solches Firmenimperium kann jedem Händler Unmengen von Produkten abnehmen. Die Lieferanten standen Schlange und ließen sich die Preise diktieren, nur damit ihre Ware ins Sortiment aufgenommen wurde.

»Wenn sie in der Phase verkauft hätten«, so Roßmann, »und da hätten sie bestimmt einen Käufer gefunden, dann hätten sie Kasse gemacht.«

Aber nicht nur das Schlecker-Unternehmen wuchs. Auch das private Konto des Firmengründers füllte sich. Anton Schlecker wurde zum Millionär. Dann zum Milliardär. Er hatte sich ein Imperium aufgebaut.

Wohnort und Schlecker-Stammsitz war Ehingen im tiefen Süden Deutschlands. Dort traf er sich mit einer Gruppe von alten Freunden, die als der »Sauna-Club« bekannt wurde. Was sich hinter dem Namen verbarg, ist bis heute unklar. Viel mehr weiß man über Schlecker als Privatmensch aber nicht. Nur dass ausgerechnet Dirk Roßmann zu seinem Umfeld gehörte. Der hielt den »privaten Schlecker« für »gar nicht so verkehrt«, versicherte er dem SWR. Sie sahen sich ein paarmal im Jahr, und Roßmann schickte Weihnachtskarten. In Hannover gingen sie oft gemeinsam essen, wo sich Dirk mit »Toni« dann um die Rechnung stritt.

Ansonsten hielt Schlecker seinen Kreis klein. So sehr sein Privatleben vom geschäftlichen durchzogen war, so weit setzte er sich doch vom Rest seines Unternehmens ab. Auf die

Einladungen zur bundesweiten Betriebskonferenz antwortete er angeblich grundsätzlich nicht. Geschäftlich hielt er zu den Schlecker-Veteranen Kontakt. Zu Männern, die von der Pike auf bei der Firma gelernt hatten, die teilweise schon an Bord gewesen waren, als der Drogeriemarkt noch eine Metzgerei war. Diese Männer bekleideten nun Managerposten und erhielten für ihre Loyalität sechsstellige Gehälter und einen Wagen der Mercedes-E-Klasse. Verglichen mit anderen Managern in vergleichbaren Konzernen war das gar nicht so viel. Trotzdem blieb der eng gestrickte Zirkel loyal. Schlecker war und blieb ein Familienbetrieb. Alles war sehr privat. Es drang kaum etwas nach außen.

Die Familie übernahm tragende Rollen im Unternehmen. Ehefrau Christa war lange Zeit für das Personal zuständig und zeigte sich in der Öffentlichkeit noch weniger als ihr Mann. Bekannt war sie für ihr hartes Durchgreifen, es hieß, sie sei »resolut«. Videoaufnahmen von ihr existierten lediglich aus dem Jahr 1995, als sie vom *Süddeutschen Rundfunk* vor der Schlecker-Zentrale abgefangen wurde. Sie wimmelte das Kamerateam ab und verschwand schnell im Gebäude.

Ihre Kinder Lars und Meike, geboren 1971 und 1973, wurden mit dem Unternehmen groß. Bereits zum Abitur bekamen sie ihre eigene Schlecker-Filiale geschenkt und lernten das väterliche Handwerk. Allerdings, das muss man sagen: Sie brachten auch frischen Wind in einen nicht mehr ganz so jungen Betrieb. Meike ging zum Studieren nach Barcelona, wo sie 2001 ihre Abschlussarbeit über die bevorstehende Expansion des Familienunternehmens schrieb. Sic war kurz davor, in die Geschäftsführung einzutreten – zeitgleich mit ihrem älteren Bruder Lars, der in London und Berlin studiert hatte. Der war außerdem Gesellschafter in einer kleinen Internetfirma namens Surplex geworden. Die Geschwister nutzten ihre Erfahrungen, um den Online-Handel aufzubauen. Schlecker bot inzwischen sogar Neuwagen zu Discounterpreisen an.

Lars und Meike hielten sich lange im Hintergrund. Sie hatten nicht einmal Visitenkarten. Wie ihr Vater waren die beiden Phantome. So wurde Vater Anton lange in den Medien genannt. Ein Phantom. Dem öffentlichen Rundfunk erzählten die Nachbarn der Schleckers, dass sie Anton nicht ein einziges Mal hinter den hohen Mauern des Anwesens gesehen hätten. Sein innerer Zirkel sprach nicht mit der Presse. Und tut es bis heute nicht.

Doch der Erfolg forderte seinen Tribut. Und den bezahlten die Angestellten. So loyal man in der familiären Führungsebene miteinander umging, so unwichtig schienen die einfachen Mitarbeiterinnen zu sein. Auch für seine Angestellten war Anton Schlecker nur ein Phantom. Ein Bild, das im Hinterzimmer jedes Schlecker-Marktes hing. Er war sitzend abgebildet, gemeinsam mit seiner Frau Christa, die hinter ihm stand und ihre Hand auf seinen Rücken gelegt hatte.

Für die anderen »Schlecker-Frauen«, wie die Angestellten später genannt wurden, waren die Bilder nicht ganz unwichtig. Jeden Donnerstag wurde aus dem Phantom eine Gefahr: Dann besuchten nämlich Schlecker und Frau eine der Filialen und gaben sich als Kunden aus. Sie überprüften, ob in den Niederlassungen alles mit rechten Dingen zuging. Von den Besuchen gibt es die wildesten Erzählungen. Es soll zu Wutausbrüchen gekommen sein, wieder und wieder. Anton Schlecker habe Waren auf den Boden geworfen, seine Frau Christa habe ihn beruhigen müssen, bevor er mit hochrotem Kopf in seinen Jaguar Double Six oder seinen Mercedes Benz oder seinen Porsche Cayenne stieg und davonfuhr.

»Es war auch immer etwas Provokatives an den Schleckers.« Dirk Roßmann kritisiert die Besuche später deutlich. »Man darf auch als Unternehmer nicht seine eigenen Mitarbeiter provozieren und so auftreten, wie der dicke Max.« Roßmann schätzt, dass es 30 bis 40 Läden jede Woche gewesen sein müssen, die Schlecker kontrollierte.

Aber es mangelte an weit mehr als nur an Höflichkeit. In den 1990er-Jahren zahlte das Ehepaar Schlecker an 610 ihrer Verkäuferinnen einen Tariflohn, der gar keiner war. Nach dem eigentlichen Tarif hätte viel mehr gezahlt werden müssen. Ein Betrug an den einfachen Angestellten, für den Anton Schlecker und seine Frau 1998 zum ersten Mal nur knapp dem Gefängnis entgingen. Das Landgericht Stuttgart verurteilte die beiden zu zehn Monaten Bewährung und einer Geldstrafe von 2 Millionen Mark.

Schlecker blieb selbstsicher und ließ sich davon allerdings nicht einschüchtern. Einer der wenigen Sätze, die je an die Öffentlichkeit gelangten, verdeutlichten seinen Hohn nach der Urteilsverkündung: »Die zu Beginn der Ermittlungen und noch in der Anklageschrift erhobenen Vorwürfe konnten im erheblichen Umfang nicht aufrechterhalten werden.« Der Schlecker aus den 1990er-Jahren hatte so gar nichts mit dem Geist des Anton Schlecker zu tun, der 2017 auf der Anklagebank saß und um seine Existenz bangte.

Kein Wunder also, dass die Schlecker-Frauen aufbegehrten. Erst 2001 konnte die Dienstleistungsgewerkschaft Verdi, kurz nach ihrer Gründung, Schlecker zur Unterzeichnung eines Vertrages bewegen, der die bundesweiten Tarife anerkannte.

Das Schlecker-Prinzip

Die gerechtere Bezahlung sorgte leider nicht für ein besseres Arbeitsverhältnis. Wer in der Endstufe des Tarifs ankam, wurde oft mit viel Kreativität entlassen. Unmögliche Versetzungen und Stundenkürzungen, Verhaltensmaßregeln und Verbote aus fadenscheinigen Gründen sowie haltlose Vorwürfe sollten die Veteraninnen aus dem Job mobben. Billige, ungelernte Arbeitskräfte rückten nach. In internen Schulungsdokumenten findet sich unter der Überschrift »Faire Behandlung« eine Hand, die ihren Daumen fest auf den Boden drückt.

Anonyme Stimmen aus dem Betrieb berichteten von den unmenschlichen Anforderungen. »Schlecker macht Angst«, sagten Mitarbeiterinnen dem SWR. »Der Druck durch die abgeforderte Arbeitsleistung, zum anderen, dass bis hin zur Verkäuferin jeder für Verluste des Unternehmens verantwortlich gemacht wird.«

Die Angestellten standen die Hälfte der Zeit allein im Laden und mussten sich sowohl um Kundenbetreuung als auch um die Kasse kümmern, gleichzeitig allein die Waren einsortieren und die Verfallsdaten kontrollieren. Außerdem mussten sie den Laden sauber halten und den Gehweg streuen. Da war es kein Wunder, dass die Angst vor einem Überfall groß war. Viele der Verkäuferinnen erklärten, dass sie sich nicht sicher fühlten. Wenn etwas passierte, mussten sich die Frauen selbst verteidigen und erhielten auch nach einem Vorfall keine Unterstützung. Sie wurden weiterhin allein gelassen und nicht einmal psychologisch betreut. Bereits 1994 wurde eine Angestellte während eines Überfalls erstochen. Ein rechtzeitiger Hilferuf, so die Polizei, hätte sie retten können. Damals jedoch waren Mobiltelefone noch rar, und es gab keine Möglichkeit für eine einzelne Angestellte, den Notruf zu wählen. Wo es Telefone in den Läden gab, waren diese oft gesperrt – schließlich hätten sie für private Gespräche missbraucht werden können.

Als die schlechte Absicherung an die Presse kam, stiegen die Überfälle auf die Filialen und ihre Verkäuferinnen rasant an. »Einen Schlecker machen« galt bald als Synonym für einen Raubüberfall. Später gab es bei einem der Überfälle eine weitere Tote. Ein Menschenleben im Tausch gegen die paar Pfennige, die ein heimliches Privatgespräch gekostet hätte. Während Schlecker später für sich und seine Familie 27 Millionen zur Seite brachte.

Die Bezirks- und Filialleiterinnen wurden derweil dazu angehalten, ihre Mitarbeiterinnen zu kontrollieren. Spinde, Autos, sogar die Taschen sollten untersucht werden. Privatbesitz musste zum Dienstantritt gegengezeichnet werden – jede Mitarbeiterin stand als Diebin unter Generalverdacht. Auch die Kassen wurden peinlich genau nachgeprüft; die Kameras wurden verwendet, um die Angestellten zu überwachen.

2005 entdeckt eine Angestellte ihre Bezirksleiterin, die sich in einem Hohlraum in der Wand versteckt hatte. Sie bespitzelte ihre eigenen Angestellten. Es klingt vollkommen verrückt, aber es war ganz und gar kein Einzelfall – in vielen Filialen versteckten sich die Spitzel schon vor Verkaufsbeginn in der Wand. Oft mit einem Eimer, damit sie ihren Posten nicht für den Klogang verlassen mussten. Hunderte solcher Fälle wurden bekannt. Und im Laufe der Jahre wurden es mehr und mehr. Der Wahnsinn, der Geiz, die Missgunst nahmen kein Ende.

Nur langsam gründeten sich Betriebsräte. Wer sich für die Arbeitsbedingungen einsetzte, hatte hart zu kämpfen, denn Schlecker gönnte seinen Mitarbeiterinnen keinen Zentimeter. Viele machten den Job nur für wenige Tage, schon dann wurde der Druck zu groß. Hunderte von Fällen wurden ans Arbeitsgericht getragen. Es gab Betriebsräte, die nur einen Kinderschreibtisch mit einer Schreibmaschine hingestellt bekamen. Der Geiz des schwäbischen Unternehmers hatte Methode. Es war sein Ticket nach oben.

Schlecker wuchs rasant. Doch die Konkurrenz schlief nicht. Während die veralteten Drogeriemärkte, die noch über die Theke verkauften, schnell ausgestochen wurden, konnte Schlecker den anderen Ketten wenig entgegensetzen. Dirk Roßmann fuhr eine gegensätzliche Unternehmenspolitik und versteckte sich nicht vor der Kamera. Das breitere Angebot der großen Müller-Märkte und auch der überlegene Service bei DM sprachen die Kunden zunehmend mehr an. Gerade das Erfolgsmodell Schleckers – kleine, billige Ladenflächen – ließen kein großes Sortiment zu und auch keine höhere Mitarbeiterzahl. Auch die breite Streuung durch die große Anzahl an Läden verlor an Bedeutung. Denn wo man in den 1970er-Jahren noch hauptsächlich zu Fuß einkaufen ging, waren die meisten Kunden nun viel öfter mit dem Auto unterwegs. Sie waren nicht mehr auf den Laden um die Ecke angewiesen. Die zentraleren Standorte wurden ansprechender.

Die Konkurrenz blieb modern. Sie konnte bald sogar mit den günstigen Schlecker-Preisen mithalten. Für die gleiche Zahnpasta verlangten Schlecker und Rossmann 2,19 Euro, wo Müller und DM nur 1,75 wollten. Und gleichzeitig boten die neuen Märkte ein ordentlicheres Sortiment als die engen Schlecker-Filialen. Das Wasser stand dem Unternehmen bis zum Hals.

Trotzdem expandierte Schlecker noch bis 2006 weiter. Gerade im Ausland. Insgesamt 12.000 Filialen wurden europaweit eröffnet, wo die drei Konkurrenten insgesamt nur über

4.800 Läden verfügten. Allerdings waren die Läden mit dem deutschen Sortiment ausgestattet, das zusätzlich zu seiner Beschränktheit nicht immer den Sensibilitäten der anderen Länder entsprach. Die Franzosen etwa wollten in ihren Drogeriemärkten auch Getränke kaufen, zudem war das deutsche Kosmetikangebot nicht ausreichend – Schlecker zeigte sich hier aber nicht sonderlich flexibel. Man machte, was man immer gemacht hatte. Und lief mitten ins Verderben. Schlecker versuchte an zu vielen Fronten Marktanteile zu erobern, während das Hauptgeschäft in der Heimat sich immer weiter verschlechterte. Die Hoffnung, im Ausland Ausgleich zu finden, erfüllte sich nicht. Der einstige Erfolg konnte nicht kopiert werden. Das Modell war nicht mehr zeitgemäß.

Das Unternehmen hörte aber nicht auf zu expandieren. Silvester 2007 kaufte Schlecker den insolventen Drogeriemarkt Ihr Platz auf. Nach den drei Hauptkonkurrenten Müller, Rossmann und DM, hatte Ihr Platz den größten deutschlandweiten Umsatz in der Drogeriebranche von 675 Millionen Euro generiert. Für 150 Millionen Euro erwarb Schlecker die Marke, die noch zur Kaiserzeit aus einer preußischen Seifenfabrik hervorgegangen war. Der edlere Ihr-Platz-Markt sollte ein saubereres Image transportieren: Wesentlich nobler, als die in die Jahre gekommenen Schlecker-Filialen. Man erhoffte sich auf diese Weise eine Verjüngungskur. Wollte endlich das verstaubte Schlecker-Image ablegen und mit der Zeit gehen. Schlecker als Schmuddelkette funktionierte nicht mehr. Ihr Platz sollte nun das Luxus-Segment präsentieren. Schlecker kaufte gleich alle 700 Filialen in ganz Deutschland. Ein entscheidender Fehler.

2009 wurde Schlecker von der Realität eingeholt. Er sah sich gezwungen, in diesem Jahr etwa 1.000 Filialen zu schließen. Ein freier Fall, der erst mit der Schließung des letzten Ladens in der Pleite enden sollte. Das Unternehmen geriet in die Schlagzeilen, und plötzlich interessierte sich die Presse genauer für das, was da bei dem Drogerie-König passierte. Die Geschichten über die schlechte Behandlung der Mitarbeiter und ihre miese Bezahlung machten die Runde.

Im April 2009 führte die Gewerkschaft der Privatangestellten eine Befragung österreichischer Schlecker-Mitarbeiterinnen durch. Ein Drittel der Befragten gaben an, regelmäßig Überstunden arbeiten zu müssen. Abgelaufene Ware sollte durch die Mitarbeiterinnen zum vollen Preis verkauft werden – um die Abschreibung zu sparen. Damit die Verkaufsziele erreicht würden, müssten die Arbeiterinnen sogar selbst einkaufen, weit über ihren tatsächlichen Bedarf hinaus.

Eine Liste derartiger Beschwerden wurde von der Gewerkschaft zusammengestellt. Und sie schien endlos. Die Schlecker-Geschäftsleitung verwies lediglich darauf, dass es sich bei den Befragten um kaum 9 Prozent der Angestellten gehandelt und die Erhebung sich lediglich auf den österreichischen Raum beschränkt habe. Alle Arbeitsgesetze würden eingehalten. Behauptete man damals tatsächlich noch.

Mit den Schließungen verloren nicht nur viele der ohnehin auf zynische Weise vernachlässigten Angestellten ihren Job, sondern sie wurden sogar systematisch ersetzt. Etwa 300 der geschlossenen Filialen wurden als Schlecker XL wiedereröffnet. Es wurden schlicht die langjährigen Mitarbeiter entlassen, um dann billigeres Personal am selben Ort zu engagieren.

Ursula Werner arbeitete eigentlich gern als Fachverkäuferin. »Das geht mir nicht in den Kopf«, sagte sie.

Neue Mitarbeiterinnen wurden eingestellt, die nichts von dem Handwerk verstanden und für die es niemanden gab, der sie hätte einarbeiten können. Weil Schlecker XL eine völlig neue GmbH war, mussten die alten Arbeiterinnen nicht übernommen werden. Die Angestellten konnten nicht auf ihre Wiedereinstellung klagen. Die pastellfarbenen Punkte unter dem blau-weißen Schriftzug, breitere Gänge und aufgeräumte Regale reichten vollkommen aus, um das Personal komplett gegen billigeres einzutauschen. Statt 14 Euro zahlte Schlecker jetzt 6,78 Euro. Wem das Geld nicht reiche, der könne ja Arbeitslosengeld II beziehen. Schlecker behauptete, dass die »einschlägigen Konkurrenten« auch nicht mehr zahlten. Mit der Realität hatte das rein gar nichts zu tun, denn Rossmann, DM und Co. hielten sich an die Tariflöhne. Davon konnte bei Schlecker XL keine Rede sein.

Die meisten der billigen Arbeitskräfte waren Leiharbeiter, die von einer Zwickauer Firma namens Meniar (»Menschen in Arbeit«) vermittelt wurden. Nicht nur die Bezahlung war schlechter, auch die Arbeitsbedingungen wurden noch katastrophaler. Laut der Gewerkschaft Verdi wurden bis 2010 etwa 43.000 Leiharbeiter vermittelt. Eine Zahl, die weiterhin steigen sollte, da die Eröffnung noch weiterer 700 XL-Märkte geplant war.

Die Gewerkschaft sprach von »Tarifflucht« und bezeichnete das »Lohndumping« als »unanständig«. Die Betriebsräte gingen auf die Barrikaden.

Bundesarbeitsministerin Ursula von der Leyen schaltete sich ein: »Sind Gesetze verletzt oder umgangen worden, oder ist das Gesetz lückenhaft? Hat es Schlupflöcher, dass Zustände entstehen, die nicht im Sinne des Gesetzgebers sind? Das müssen wir prüfen und gegebenenfalls die Gesetzte ergänzen.« Die Politik begann sich zu regen. Immer lauter wurden die Stimmen, die Gesetze zur Vermeidung von Lohndumping forderten, gerade dann, wenn Leiharbeit die Ursache war.

Die Antwort von Schlecker ließ nicht lange auf sich warten. Ein Sprecher sagte: »Es muss befremdlich erscheinen, dass nun Politiker, deren Parteien seit Langem stets die Flexibilisierung der Arbeitsverhältnisse gefordert und gesetzlich gefördert haben, nun hier – offenkundig aus populistischen Motiven – mit einzustimmen scheinen!«

Auch andere Branchen gerieten ins Kreuzfeuer. In der Metall- und Elektroindustrie, im Maschinenbau, in der Entsorgungswirtschaft und in den Pflegeberufen – überall wurden Mechanismen entdeckt, welche durch Leiharbeit die Löhne nach unten drückten.

Die viele Aufmerksamkeit gefiel dem medienscheuen Unternehmen natürlich nicht. Im Januar 2010, als sich die Debatte bereits weit ausgebreitet hatte, wurde verkündet, dass Schlecker keine weiteren Arbeiter durch Meniar annehmen würde. Und niemand müsse künftig für weniger als neun Euro pro Stunde arbeiten. Selbstverständlich fehlte aber nicht der trotzige Kommentar eines Schlecker-Sprechers: »Die öffentliche Diskussion um die Beschäftigung von Leiharbeitnehmern der Firma Meniar durch die Firma Schlecker haben wir bisher nicht nachvollziehen können.« Von Schuldbewusstsein keine Spur. Der Ruf allerdings war nachhaltig ruiniert.

Die Pleite

Das Unternehmen war in Not geraten. Der Marktanteil im Kerngeschäft war unter 40 Prozent gefallen. Bereits seit 2008 schrieb das Unternehmen bloß noch Verluste. Bald betrug der Umsatz in den Schlecker-Filialen nur noch 2.200 Euro pro Quadratmeter. Bei Rossmann hingegen waren es 5.000, bei DM sogar 6.500 Euro.

Doch in der Familie Schlecker schien man die Warnsignale nicht wahrzunehmen. Nicht bloß, dass man neue Ausgaben wie die Ihr-Platz-Investition tätigte. Auch mit den Konzernausgaben gab man sich großzügig. Am 24. Juni 2009 vollzog Anton Schlecker eine »ehebedingte Zuwendung« an seine Frau in Form der Familienvilla, die von den Nachbarn »Schlössle« genannt wurde. Er finanzierte die auf 2,35 Millionen Euro geschätzte Immobilie, ohne auf die Krise des Unternehmens Rücksicht zu nehmen. Im März 2011 erhielten die Enkelkinder scheinbar 800.000 Euro von dem untergehenden Geschäftsmann – 200.000 für jeden. Meike Schlecker bekam wohl von ihrem Vater eine Alarmanlage für ihre Wohnung in Ehingen – nahe am elterlichen Haus. Die Kosten dafür sollen etwa 300.000 Euro betragen haben. Auch Lars ging nicht leer aus, für die Sanierung seiner Berliner Wohnung ließ Anton Schlecker angeblich 1 Million Euro springen. Problematisch waren die Geschenke für den milliardenschweren Unternehmer nicht. Allerdings haftete er als eingetragener Handelsmann mit seinem privaten Vermögen für sein Unternehmen. Sobald die Insolvenz absehbar war, hätte er eigentlich jeden Cent in die Firma und seine Angestellten investieren müssen.

Anton Schlecker begann nur langsam, seine Fehler in der Firmenpolitik einzusehen. Die zügellose Expansion stieß an ihre Grenzen. Er musste umdenken. Und nachdem er das getan hatte – gab er Vollgas. 2011 fing Schlecker an, seine eigenen Filialen mit einem neuen Logo dem Zeitgeist anzupassen. Übersichtlicher sollten sie werden, mit genug Platz für Einkaufswagen und Kunden. Es sollte also so werden, wie die Konkurrenz es seit Jahren vormachte. Zeitgleich wollte Schlecker einen neuen Markt weiter ausbauen: Das Internet. Er bot sein Sortiment vermehrt online an, die Produkte konnten bequem nach Hause bestellt werden. Er zog die ganz großen Hebel. Aber die kosteten Geld. Und Geld hatte er nun tatsächlich nicht mehr.

100 Millionen Euro hatte er für ein neues Paketzentrum gezahlt, unweit der Stammstadt Ehingen. Das Geld hatte er investieren müssen, um seine Online-Pläne zu realisieren.

Und auch der Umbau der Filialen kostete Geld. Das Sortiment wurde erweitert. Es gab nun nicht mehr bloß Drogerieartikel, sondern auch Puppen, Kameras und viele weitere Elektrogeräte zu kaufen.

Schlecker hatte offenbar Blut geleckt. Und wagte sich auf weitere Felder vor. Auch Apotheker wollte er plötzlich werden und damit zum Ursprung der Drogeriemärkte zurückkehren. Bald hatte der Unternehmer so viele Bälle in der Luft, dass er sie allein nicht mehr kontrollieren konnte. Seine Pläne waren riesig. Bloß der Erfolg ließ zu wünschen übrig. Das Versandzentrum war nur zur Hälfte ausgelastet. Nur 60.000 Pakete wurden am Tag verschickt. Eine Zahl, die weit unterhalb der Erwartungen lag.

Verantwortlich für die Modernisierungen der Filialen waren die Kinder Lars und Meike. Es ging zunächst nicht so recht voran. »Aber ab 2012, wenn der Umbau fertig ist, wollen wir wieder wachsen«, betonte Lars Schlecker. Dann werde niemand mehr über den »alten Schlecker« sprechen. »Fit for Future« nannten die beiden Kinder ihre Kampagne, aus der ein neuer Schlecker erwachsen sollte. Teilweise stellen Lars und Meike sich offen gegen die Firmenpolitik ihres Vaters. Keine versteckten Kameras, keine Dumpinglöhne, keine Schlampereien mit Kundendaten.

Bereits seit Herbst 2010 waren die beiden stärker in den Familienbetrieb involviert. Sie waren, so könnte man es formulieren, die Galionsfiguren des neuen Schlecker-Images. Es wurde sogar eine Unternehmensberatungsfirma engagiert. Doch auch wenn nach außen einiges anders werden sollte, im Inneren blieb doch alles beim Alten. Die Schlecker-Spitze blieb familiär und intransparent. Es gab keine offene Kommunikation nach unten. In den Läden arbeiteten die Angestellten ohne die geringste Ahnung von der drohenden Insolvenz. Sogar die Betriebsräte bekamen nur Zahlen zu sehen, die ein gesundes Unternehmen reflektierten – wenn sie überhaupt Zahlen erhielten.

Allein in den letzten beiden Monaten des Jahres 2011 schlossen 600 Niederlassungen. Ursprünglich sollte die Schließungswelle fast 10 Prozent der 8.000 Niederlassungen in Deutschland erfassen. Die Waren sollten neu verteilt werden, damit die leeren Regale in den übrig gebliebenen Märkten wieder voller aussähen. Das war alles Teil der sogenannten »Umstrukturierung«.

Die Insolvenz

Am 23. Januar 2012 wurde es jedoch amtlich: Schlecker meldete Insolvenz an. Bis kurz zuvor wusste selbst auf Managementebene niemand im Unternehmen, wie dramatisch die Lage wirklich war. Besonders für die Angestellten war die Nachricht ein regelrechter Schock. 32.000 Menschen drohte der Jobverlust. Es fand sich niemand, der bereit war, die Filialen im großen Stil zu übernehmen. Die Schulden waren zu hoch, die einzelnen Läden zu unattraktiv.

Am 30. Januar 2012 hielt Tochter Meike Schlecker eine Pressekonferenz. Etwas, dass es in dieser Form in der Zentrale noch nicht gegeben hatte. Die junge Frau mit den langen, blonden Haaren sah ihrem Vater sehr ähnlich. Bleich im schwarzen Kostüm, mit glatt glänzender Stirn, wirkte sie wie ein Kameraschatten. Wie ein Phantom. Erst verschwand sie hinter dem Insolvenzverwalter Arndt Geiwitz. Das neue Gesicht, das jetzt die Kontrolle über den Schlecker-Konzern hatte. Er wirkte machtvoll neben ihr, aber auch wie ein Fremdkörper in dem eingeschworenen Betrieb. Geiwitz erklärte die Lieferschwierigkeiten und warum die Regale in den Filialen so leer seien. Er versprach, dass sich die Lage bereits normalisiert habe und die Lastwagen wieder rollten.

Man glaubte schon kaum mehr daran, dass Meike Schlecker eine eigene Stimme haben könnte, bis sie sich schließlich selbstsicher zu Wort meldete. Sie hielt festen Blickkontakt zu den Anwesenden und redete sehr eindringlich. Sie redete, wo man ihren Vater nie reden gehört hatte, als sie das verkündete, was für viele der eigenen Mitarbeiter immer noch undenkbar war. »Wir haben die Insolvenz der Schlecker EK angemeldet.« Sie betonte das »EK«. Der »eingetragene Kaufmann« bedeutete, dass Schlecker privat für sein Imperium haften würde. Wenn Schlecker EK insolvent war, war es der Privatmann Anton Schlecker auch. Die Erbin verteidigte ihren Vater eisern. Sie stellte ihn als einen Mann dar, der sein gesamtes Vermögen in die Firma gesteckt hätte. Als einen strahlenden Helden, dem es bloß um die Bedürfnisse seiner Angestellten gegangen sei.

»Es wurde ja immer gesagt, meine Familie würde auf Milliarden sitzen. Oder wir hätten Hunderte von Millionen zur Seite geschafft, mit denen wir die Restrukturierung des Unternehmens hätten stützen können. Das ist falsch. Das Vermögen meines Vaters war immer das Unternehmen. Er hat es deshalb stets abgelehnt, die Rechtsform zu ändern oder ihm beschränkte Haftung zu geben. Er hätte das jederzeit machen können.«

Viele ihrer Antworten waren vorgefertigt. Auch wenn sie nicht auf ihr Blatt schaute, wirkten die Formulierungen auswendig gelernt. Viel Erfahrung mit der Öffentlichkeit hatte auch sie nicht.

»Meine Familie hat in den letzten Jahren dreistellige Millionenbeträge in das Unternehmen eingelegt, um die Restrukturierung zu stützen. Selbst mein Bruder und ich haben den größten Teil unseres Vermögens in die Restrukturierung eingebracht, um sie schneller vorwärtszubringen. Noch mal klar: Ich will mich nicht beschweren, und wir werden auch noch zurechtkommen. Aber es ist kein signifikantes Vermögen mehr da, das dem Unternehmen hätte helfen können.«

Meike wirkte kalt und geschäftsmäßig, gab aber Fehler zu, räumte sogar ein, dass man zu langsam reagiert habe. Dabei lächelte sie. Aber, als die Reporter ihre Familie angriffen, wurde sie ein wenig zu laut. Zu deutlich. »Es ist wirklich kein signifikantes Vermögen mehr da, das die Sanierung der Firma hätte stützen können.« Sie setzte noch einmal nach, schüttelte zur Verstärkung ihrer Worte wild den Kopf: »Das können Sie mir wirklich glauben, sonst würde ich hier nicht sitzen, sonst wäre die Insolvenz einfach nicht passiert.« Nur für diesen einen Moment war sie zu stark. Zu präsent. Dann lehnte sie sich rasch zurück, schaute wieder in ihre Unterlagen, versuchte wieder zum Geist zu werden. Für einen Moment hatte sie für eine Schlecker zu viel Linie gezeigt, sich in der Öffentlichkeit zu sichtbar gemacht. Aber ihr war widersprochen worden. Und Widersprüche schien sie einfach nicht dulden zu wollen.

Dabei gab es so viele Widersprüche: Hatte Anton Schlecker wirklich alles in sein Unternehmen gesteckt? War er wirklich der Held, der gemeinsam mit seinen Angestellten untergehen wollte? Handelte er nicht viel mehr egoistisch und ließ die Angestellten seine Fehler ausbaden? Einiges sprach dafür.

Etwa die Sache mit der millionenschweren Villa, die gerade noch rechtzeitig an seine Frau Christa überschrieben wurde. In strikter Gütertrennung haftete sie nicht für das Unternehmen. 11.413 Quadratmeter Firmengelände wurden wohl auf die Kinder überschrieben, ohne dass sie dafür gezahlt hätten. Drei Tage vor der Insolvenz übernahmen Meike und Lars angeblich noch einmal 5 Millionen Euro von ihrer Logistikfirma in den privaten Haushalt. Kein signifikantes Vermögen?

Auch Sohn Lars Schlecker stellte sich am 17. Februar 2012 erstmals der Öffentlichkeit. Vor der Kamera stand ein junger Mann mit dicker Hornbrille und dichten Locken. Nicht unbedingt die Art Mann, die man sich vorstellt, wenn man an den klassischen deutschen Großunternehmer denkt. Lars stotterte. Er war erkennbar unsicher in der Verteidigung des insolventen Unternehmens. Wenn sich das Ruder herumreißen ließe, gebe es eine Chance, dass die Firma gerettet werden könne. Wenn wieder Gewinn gemacht würde, könnten wieder Kreditgeber an Land gezogen werden. Wenn die Kassen wieder voll seien, könnten die Schulden bezahlt werden.

Lars sprach optimistisch von einem Kulturwandel und von Tarifverträgen. Er sprach mit tiefer, fast lethargischer Stimme von intensiven Diskussionen innerhalb der Familie. Sowohl im Büro als auch am Esstisch. »Die Zeichen stehen ganz klar auf Sanierung. Es gibt niemanden, der gegen eine Sanierung spricht. Wir sind alle ganz froh.«

Die Sanierung schien allerdings nicht viel Neues zu bringen. Alles sollte lediglich heller, breiter, schöner werden. »Da gehören viele andere Dinge auch dazu, zum Beispiel haben wir eine komplett andere Unternehmenskultur eingeführt. Zum Beispiel haben wir Tarifverträge eingeführt, die ihresgleichen suchen im deutschen Einzelhandel.«

Es gab niemanden, der jubelte, weil nun endlich – zeitgleich mit der Insolvenz – die Tarifverträge versprochen wurden.

Bis zum Schluss hielt die Familie zusammen. Sie blieb fest auf Kurs. Und der führte bergab. Die Sanierung konnte das insolvente Unternehmen nicht aus den Schulden ziehen. Dirk Roßmann berichtete, dass es für niemanden attraktiv war, die kleinen, abseitigen Schlecker-Läden zu übernehmen. Das Unternehmen sei »nicht verwertbar« gewesen. Nach vier Monaten Insolvenz, am 1. Juni 2012, erklärte Insolvenzverwalter Geiwitz, dass der Konzern zerschlagen werde.

Die Familie verschwand wieder von den Bildschirmen der Bundesrepublik. Die Schlecker-Zentrale wurde von Geiwitz untervermietet. Zum Beispiel an die Immobilienverwaltungsfirma CML, was für Christa, Meike und Lars steht. Sie mussten sich nicht einmal ein neues Büro suchen und konnten ihre anderen Firmen ungehindert weiterführen. Von dem Geld, das laut Meike Schlecker nicht mehr da war, konnte der Insolvenzverwalter der Familie immerhin noch 10 Millionen abringen.

Die Schleckers zogen sich vollkommen zurück. Anton Schleckers privater »Sauna-Club« musste ohne ihn auskommen. Dirk Roßmann sah seine Freunde nicht mehr. Nur ein einziger Brief wurde von Meike beantwortet. »Es kommt mir fast ein bisschen vor«, sagte er dazu, »als ob sie unter Schock stehen würden. Es ist für sie unendlich schwer zu begreifen, dass sie nicht mehr die großen, erfolgreichen Schleckers sind, sondern Unternehmer, die gescheitert sind.«

Die Schlecker-Frauen

Ein Jahr nach der Insolvenz waren die Schlecker-Filialen wie vom Erdboden verschluckt. Der Name war bloß noch eine

Erinnerung, die Ladenflächen längst neu verwertet. Manchmal finden sich jetzt die neuen Rossmann-Express-Läden in den Bahnhöfen, wo vermehrt Süßwaren und gekühlte Getränke angeboten werden. Das Drogeriegeschäft wird mittlerweile auch von Supermärkten übernommen. Rewe, Edeka und Co. haben Cremes und Schminke im Sortiment. Die Wirtschaft bewies ein weiteres Mal, wie anpassungsfähig sie sein kann. Der Markt regulierte sich selbst.

Um die sozialen Probleme, die die Schlecker-Pleite mit sich brachte, kümmerte sich allerdings niemand. Nicht die Wirtschaft, nicht die Politik, und die Familie Schlecker schon gar nicht. Beim Insolvenzverwalter Geiwitz türmten sich Forderungen in Höhe von 1,07 Milliarden Euro. Die Kündigungen musste er persönlich unterschreiben, 25.000 Menschen wurden arbeitslos. »Das ist schlichtweg grausam«, sagte er und machte sich selbst Vorwürfe. »Sie können sich nicht bei jeder Unterschrift Gedanken machen, welches Schicksal Sie damit verbinden. Aber es kommt immer wieder. Deswegen konnte ich auch nicht über einen langen Zeitraum am Stück diese Unterschriften leisten. Man musste wirklich immer wieder auch durchatmen. Man überlegt zwangsweise immer wieder, ob man nicht die Dinge hätte anders lösen können.«

Wie das Arbeitsamt mitteilte, wurden bis 2013 nur etwa die Hälfte der ehemaligen Mitarbeiter neu vermittelt. Die andere Hälfte war, wenn überhaupt, nur kurzzeitig beschäftigt. Das Interesse für die Ausgebeuteten war schon nach einem Jahr verschwunden. Ihr Durchschnittsalter lag bei 46,7 Jahren – das ist zu jung für den Ruhestand, aber zu alt für die Wirtschaft. Nur die Allerwenigsten hatten Glück und sind bei anderen Drogeriemärkten untergekommen, wo sie nun endlich und umstandslos nach Tarif bezahlt werden. Die Gewerkschaft Verdi vermutet etwa 2.800 ehemalige Schlecker-Mitarbeiterinnen bei DM und Rossmann. Der Rest hat es in der Regel nicht besser als zuvor. Viele sind im Einzelhandel oder in Callcentern gelandet und verdienen kaum mehr als den Mindestlohn. Oft arbeiten diese Menschen in Teilzeit, oft weit entfernt von ihrem Wohnort.

Die Schlecker-Frauen fanden klare Worte, bevor die Medien sich schnell dem nächsten Thema zuwandten. »Das ist Wut, das ist Enttäuschung. Wir sind alleingelassen worden, die Regierung hat uns immer alleingelassen«, sagte eine ehemalige Filialleiterin. Kathrin G. ist ähnlich ungehalten. »Richtig schön Wut und Hass. Was der uns angetan hat!«, sagte sie 2017 dem öffentlichen Rundfunk. Sie war lange ohne Beschäftigung, nachdem ihr Arbeitgeber pleiteging. Die Arbeitsagentur zahlte einen EDV-Lehrgang, und es dauerte viele Monate, bis sie einen neuen Job fand. Sie sitzt jetzt bei Edeka an der Kasse, gemeinsam mit ihrer ehemaligen Schlecker-Kollegin Ute D. Letztere wartet noch auf 2.500 Euro von Schlecker. 174 Überstunden stehen aus und Reste von drei Monaten Gehalt.

Einige der Frauen versuchten, ihre Drogerie-Erfahrungen zu nutzen und wagten einen riskanten Schritt. Mit blauen Bändern überklebten sie die Schlecker-Logos an den Einkaufswagen. Wo einst eine Schlecker-Filiale war, wollten vier der Schlecker-Frauen »Meine Drogerie« aufbauen. Doris Auerbach war 58 Jahre alt, als sie sich nach ihrem langjährigen Dienst bei Schlecker selbstständig machte. Sie eröffnete in ihrem alten Schlecker einen unabhängigen Drogeriemarkt. Der Laden sah aus wie vor der Schließung. Zweckmäßig und schmucklos, mit gekacheltem Boden und kargen Regalen. Auerbach arbeitete auf einer Baustelle. Wochenlang saß sie in dem kleinen weißen Büro hinter dem Laden, wo die Verkäuferin jetzt plötzlich den Einkauf der Waren regeln musste.

Aber ihre kleinen Bestellungen reichten nicht aus, um dieselben Billigpreise wie einst Schlecker auszuhandeln. Rückenwind gab es für solche Unternehmungen zwar von der Gewerkschaft Verdi, aber eine Chance hatte »Meine Drogerie« nur, weil ein Investor 50.000 Euro beisteuerte.

Leider reichte auch das nicht lange. Meine Drogerie scheiterte an den Dumpingpreisen der Konkurrenz. Doris Auerbach ging in den Vorruhestand und kümmert sich heute nicht mehr um ihren eigenen Betrieb, sondern um ihren Garten. Schlecker hatte damals ihr gegenüber die Kündigungsfrist nicht eingehalten und keine Abfindung bezahlt. Sie bekäme noch rund 10.000 Euro. Das Geld hat sie längst abgeschrieben.

Die Gewerkschaft Verdi schätzt, dass jede der Schlecker-Frauen im Schnitt noch Ansprüche auf bis zu 4.000 Euro hat. Die 10 Millionen, die Insolvenzverwalter Geiwitz der Schlecker-Familie abringen konnte, waren nur ein Tropfen auf dem heißen Stein. Für die Forderungen der geprellten Angestellten bräuchte er das Zehnfache. Insgesamt werden Schleckers offene Schulden bei den Gläubigern auf eine halbe Milliarde Euro geschätzt. Die Forderungen vieler anderer Gläubiger hatten eine höhere Priorität als die der Mitarbeiter. Vor allem die Lieferanten wurden schnell und vollständig ausgezahlt. Ihre Verträge standen auf sicheren Füßen, während die Schlecker-Frauen wie schon bei der Arbeit im Drogeriemarkt nur das kleinste Stück des Kuchens abbekamen.

Gegen die Lieferanten hat Geiwitz 2017 Klage erhoben. Sieben Fälle von illegaler Preisabsprache werden unterschiedlichen Herstellern für Süßwaren, Waschmittel und Drogerieartikel vorgeworfen. Dazu gehören L'Oréal, Beiersdorf und Südzucker. Das Kartellamt und die EU-Kommission hatte diese Unternehmen bereits für schuldig befunden. Es handelt sich dabei um bis zu 300 Millionen Euro, die durch die Absprache an die Lieferanten gingen. Das wäre ein signifikanter Teil der ausstehenden Schulden. Aufkommen dafür könnten höchstens aber die korrupten Lieferanten, nicht die Familie Schlecker.

Der Unsichtbare hinterlässt Spuren

Die Familie selbst hat eine eigene Schlacht zu kämpfen. Vor dem Landgericht Stuttgart wird das Ehepaar im März 2017 zum zweiten Mal zur Verantwortung gezogen. Der Geist betritt den Gerichtssaal diesmal mit seinen Kindern. 26 Verhandlungstage sind angedacht. Der Prozess dauert bis Ende November an.

Verkürzt ist der rechtliche Vorwurf an die Familie folgender: Schlecker hat nach Jahren der Misswirtschaft das Geld des Unternehmens seiner Familie und damit sich selbst geschenkt – während seine Angestellten leer ausgingen. Der Insolvenzverwalter Arndt Geiwitz schiebt die letztliche Pleite des Unternehmens auf die blinde Expansion Schleckers, die langfristig nicht haltbar war. Die Verluste begannen bereits 2008 – trotzdem wurde die Familie noch reich beschenkt.

Im Gericht wird um genau diesen Punkt gestritten: Wann war die kommende Insolvenz der Drogeriekette absehbar? Jedes Geld, dass nach diesem Moment noch beiseitegeschafft wird, ist illegal. Patriarch Anton Schlecker und sein innerer Zirkel behaupten bis zum Schluss, dass er daran glaubte, sein Unternehmen noch aus dem Sumpf ziehen zu können.

Die Schuld liege bei den anderen, behauptet er vor Gericht. Die Umstrukturierung sei erfolgreich gewesen, aber plötzlich hätten die Kreditgeber voreilig kein Geld mehr hergeben wollen, worauf die Lieferanten die Schlecker-Regale veröden ließen. Die Wahrheit sieht so aus, dass der Einkaufsverbund Markant für jedes der 30 Jahre Zusammenarbeit 1 Million Euro Kredit zusagte. Kurz vor Weihnachten 2011 fragten Anton Schlecker und seine Tochter jedoch persönlich nach der unfassbaren Summe von 150 Millionen.

Alles Bitten war vergebens. Die Geduld der Kreditgeber war am Ende. Das erfuhr Schlecker in einem emotionalen Telefonat mit seiner Tochter: »Papa, die lassen uns fallen«, hatte Meike da gesagt.

Als er davon erzählt, muss Anton Schlecker schlucken. Im sterilen Landgericht bittet er um ein Glas Wasser. Ein ungewöhnlich menschlicher Moment für den zurückgezogenen Milliardär, dessen Stimme niemand kennt.

Die wenigen Male, die er vor Gericht spricht, nutzt Schlecker, um sich selbst als Opfer zu stilisieren. Im Oktober, nach monatelangen Verhandlungen, erzählt er, wie er seine Frau um Geld bitten musste, um dem Insolvenzverwalter entgegenzukommen. 2 Millionen machte sie locker. Seine Kinder noch einmal so viel. So führten sie insgesamt 14 Millionen Euro zurück in das Unternehmen.

Die privaten Geschenke hätten mit dem Zustand der Firma nichts zu tun gehabt, behauptet er. Solche teuren Geschenke an seine Familie seien normal. Von den Schlecker-Frauen, die keine Geschenke bekommen haben und zum großen Teil immer noch auf der Straße sitzen, spricht er nicht.

In absehbarer Zahlungsunfähigkeit hat Anton Schlecker dem Staatsanwalt zufolge 19 Millionen Euro bewusst beiseitegeschafft. Und das allein in den zwei Jahren vor der Insolvenz. Hinzu kommen die von den Kindern in der Woche vor der Insolvenz gekauften Immobilien: eine Lagerhalle, ein Logistikzentrum sowie die Konzernzentrale. Alle drei Immobilien wurden an unterschiedlichen Orten in unterschiedlichen Straßen gebaut, die jedoch denselben Namen tragen: Anton-Schlecker-Straße. Dass die Straßen nach ihm benannt wurden, war damals Voraussetzung für die Ansiedlung des Unternehmens in den Gemeinden.

Die Kosten für Notar und Steuern bei dem Kauf betrugen 322.000 Euro und wurden vom Patriarchen vom Geschäftskonto gezahlt, nicht von den Käufern, wie es üblich gewesen wäre. Hinzu kommen die vielen Renovierungen, Einbauten, Geldgeschenke, Honorare und überzogenen Rechnungen. Die großzügig spendierten Reisen und das Taschengeld für die Enkel. Viel Geld, das der Insolvenzmasse vorenthalten wurde und damit den Gläubigern.

Und dann wird das Urteil verkündet. Der Vorsitzende Richter Roderich Martis verurteilt Anton Schlecker am 27. November zu zwei Jahre Bewährungsstrafe wegen vorsätzlichem Bankrott. 54.000 Euro soll er zahlen. Nur, damit die Relationen dieses Justizskandals deutlich werden: Nach der Pleite blieben dem Kaufmann schätzungsweise 70.000 Euro pro Monat.

Der Nachwuchs kommt nicht ganz so leicht davon. Unter anderem wegen Insolvenzverschleppung, Untreue und Beihilfe zum Bankrott müssen die beiden Kinder ins Gefängnis. Die 44-jährige Meike Schlecker für zwei Jahre und acht Monate, der 46-jährige Lars noch einen Monat länger.

Und es wird noch weitere Prozesse gegen die Familie geben. Das Landgericht Linz wirft dem ehemaligen Unternehmen vor, dass von der österreichischen Schlecker-Tochter mehr Geld nach Deutschland floss, als zulässig gewesen wäre. Und vor dem Landgericht in Zwickau fordert ausgerechnet der Insolvenzverwalter der ehemaligen Leiharbeiterfirma Meniar 1,37 Millionen Euro von Mutter und Kindern.

Nach dem harten Prozess und der milden Geldstrafe ruht sich Anton Schlecker erst einmal im Urlaub aus. Silvester verbringt er, wie *Focus* berichtete, im Oman am Arabischen Meer bei 24° Celsius Wassertemperatur. Die Preise des Fünf-Sterne-Hotels Al Baleed Resort Salalah by Anantara beginnen bei 280 Euro pro Nacht und reichen bis 3.500 Euro. Immerhin entscheidet sich das Schlecker-Ehepaar wohl für eine kleinere Villa, die nur etwa 700 Euro kostet. Frühstück gibt es am eigenen Pool. Tagsüber sitzt man beim Barbecue und unternimmt Spaziergänge am Strand bei 27° Celsius.

Ob die Schlecker-Frauen jemals das Geld sehen werden, das ihnen noch zusteht, bleibt fragwürdig. Seit der Insolvenz hat sich der Drogeriefürst nicht an seine ehemaligen Mitarbeiterinnen gewandt. Bis heute gibt es keine Entschuldigung. Ein einziges Mal, in einem Halbsatz sagt er, ganz nebenbei: »Ich bedaure die Insolvenz meines Unternehmens, insbesondere für meine früheren Mitarbeiterinnen und Mitarbeiter.« Das ist im Gerichtssaal kurz vor dem Ende seiner Verurteilung, und es wirkt wie ein Schachzug der Verteidigung. Es klingt nicht nach echtem Bedauern.

Eine ernst gemeinte Entschuldigung, eine Wiedergutmachung sieht anders aus.

5. KAPITEL

Der Superstar – Carsten Maschmeyer

Die Bilder, die im Vorabendprogramm gezeigt werden, sind schöne Bilder. Saubere Bilder. Bilder von Menschen, die lachen. Junge Männer und Frauen. Menschen, die ehrgeizig wirken, wenn sie in die Kamera schauen. Die Musik, mit denen diese Bilder untermalt sind, wirkt motivierend. Eine weitere Werbung für eine weitere Casting-Show. Aber dieses Mal werden keine Popstars gesucht, sondern Manager. »Haben Sie auch schon mal von einem eigenen Unternehmen geträumt? Von der einen richtig tollen Idee, die alles verändert?«, fragt Carsten Maschmeyer und lächelt in die Kamera. Maschmeyer ist nicht nur der prominenteste Superreiche Deutschlands, sondern auch Moderator und Mäzen der neuen TV-Show »Start Up«. Das Konzept: Wer die beste Gründeridee hat, bekommt einen starken Partner zur Seite gestellt, der hilft, sie umzusetzen. Dieser starke Partner ist Maschmeyer. Der Grundgedanke hinter der Sendung ist der Grundgedanke vom amerikanischen Traum: Jeder kann es vom Tellerwäscher zum Millionär schaffen. Mit der richtigen Idee – und ein bisschen Ehrgeiz.

Carsten Maschmeyer ist der Mann, der den amerikanischen Traum auch zu einem deutschen Traum machte. Ihm gelang der Weg von einem Niemand zum Milliardär. Dank harter Arbeit und großer Leistung. Weil er ein Mann ist, der seinen Blick nach vorn richtet, nicht zurück. So zumindest inszeniert Carsten Maschmeyer sich gern. Und diese Einstellung will er auch den Kandidaten in seiner neuen Show vermitteln. »Es ist nicht wichtig, was Sie bisher getan haben«, sagt er, »sondern was Sie ab jetzt tun wollen.« Das klingt alles ziemlich kernig. Und es klingt typisch für Maschmeyer. Denn, dass der Milliardär nicht zurückblickt, ist schon fast sein Markenzeichen. Würde er zurückblicken, müsste er sich mit denen auseinandersetzen, die hinter ihm auf der Strecke geblieben sind. Mit den Opfern des amerikanischen Traums, der für viele Menschen zu einem deutschen Albtraum wurde.

In dem Werbevideo für die neue SAT1-Show fischt Maschmeyer nach der nächsten Generation potenzieller Opfer. Er sucht Menschen mit einem Plan. Gründer. Geschäftspartner. »Überzeugen Sie mich von Ihrer Idee und Ihrem Talent, dann werde ich Ihr Mentor sein und statte die Firma mit dem nötigen Kapital aus.« Es ist die perfekte Werbefassade – die im letzten Bild allerdings zu bröckeln beginnt. Es ist der letzte Satz, den Maschmeyer sagt, als er schon beinahe nicht mehr vor der Kamera steht: »Ich freue mich auf Sie und unsere gemeinsamen Erfolge.« Dabei beginnt er zu lächeln. Und das ist kein vertrauenerweckendes Lächeln. Es ist nicht mehr offen und zugänglich. Seine Mundwinkel sind kaum nach oben gezogen, die Miene ist verhärtet, als er von »unseren gemeinsamen Erfolgen« spricht. Als wollte er einen faustischen Pakt anbieten. Eine Seele gegen Macht und Reichtum.

Die Gewinner der Show erhalten eine Million Euro Startguthaben. Und Maschmeyer steht mit im Vertrag. Das erinnert an einen ganz anderen Maschmeyer. Einen Maschmeyer, der aus seinen Absichten keinen Hehl macht. »Entweder Sie verdienen Ihr Geld alleine oder Sie lassen andere für sich arbeiten«, sagte er einmal. Damals trug er noch einen Schnauzer und Dauerwelle. Der Schnauzer verdeckte sein Grinsen, aber die Worte waren klar. Er war Chef des Allgemeinen Wirtschaftsdienstes, »AWD«. Er verkaufte Finanzprodukte. Abertausende Menschen wurden durch seine Deals ruiniert. Viele zogen vor Gericht. Viele wurden dort abgewiesen.

Was Maschmeyer erreicht hat, ist legendär. Von seinem Reichtum wird viel berichtet. Der *Spiegel* schrieb 2011 von einer 4.000-Quadratmeter-Villa hinter Eisengittern. Die Spitzen des Gartenzauns veredelt mit Messing – kein Gold. Im Keller bunkerte er Rotwein, der vierstellige Beträge pro Flasche kostete. Wein trank man gern mit hohen Gästen wie »Gerd« und Doris Schröder. Maschmeyer erregte vor allem mit seinen exzellenten Kontakten in Politik und Showbusiness Aufsehen. In der Vergangenheit war sein Auftreten regelrecht protzig. Er trug teure Kleidung und noch teureren Schmuck. Er fuhr einen 500er Mercedes SEC, Königs Spezial Umbau. Seine Partys waren üppig. Ein Who-is-Who der deutschen Promiszene. Bei einer Veranstaltung ritt er auf einem Elefanten ein. Heute zeigt er sich zurückhaltender. Doch wie sehr hat sich Maschmeyer wirklich verändert?

Das Siegertreppchen

Das Leben von Carsten Maschmeyer begann nicht, wie man sich das Leben eines der reichsten Männer Deutschlands vorstellt. Die Kindheitsverhältnisse waren schwierig. Seinen leiblichen Vater hat Maschmeyer nie kennengelernt. Er ist als uneheliches Kind bei seiner Mutter aufgewachsen. Die Schilderungen seiner Vergangenheit lesen sich alles andere als harmonisch: Die Mutter hatte kaum Zeit für ihn. Sie arbeitete als Sekretärin im Schulamt der Stadt Hildesheim. Sein Stiefvater soll ihn geschlagen haben.

Maschmeyer fand Trost im Sport. An seiner Schule versuchte er sich als Langstreckenläufer. Er war gut. Und er gewann häufig. Als Erster über die Ziellinie zu kommen, war für ihn eine der wenigen Bestätigungen, die er in seinem jungen Leben erfuhr. Auch seine Mutter zeigte nur Stolz, wenn er etwas leistete. Leistung war die vielleicht einzige Möglichkeit, Anerkennung zu erlangen. Wenn er nicht in der Schule war oder sein Lauftraining absolvierte, arbeitete er. »Ich habe sehr früh angefangen, Geld zu verdienen. Schon als Schüler habe ich am Wochenende im Kaufhaus an der Kasse gesessen«, erzählte Maschmeyer in einem Interview mit dem SAT1-Frühstücksfernsehen. »Habe abends nach der Schule, nach dem Sport Plakate an Bauzäune geklebt. Ich habe sehr früh gemerkt: Viele Plakate kleben – viel Geld. Viele Tage im Supermarkt – viel Geld.«

Nach der Schule wurde Maschmeyer Zeitsoldat. Sanitäter bei der Bundeswehr. Dann ging er an die Medizinische Hochschule in Hannover. Seine Mutter wollte, dass er Arzt würde. Wohl weil dies ein guter Beruf mit hohem Ansehen sei. Wenn er Mediziner werden sollte, dann wollte Maschmeyer wenigstens Sportmediziner werden. Da ihn seine Familie finanziell aber nicht unterstützen konnte, musste er sein Studium selbst finanzieren. Die Aushilfsjobs, die er noch aus Schulzeiten kannte, waren ein Anfang. Aber sehr bald sollte Maschmeyer eine dieser Begegnungen haben, die möglicherweise ein ganzes Leben für immer verändern können.

Es geschah auf Djerba. Nach seinem Abitur machte Maschmeyer Urlaub in Tunesien und lernte dort einen Mann kennen, mit dem er sich auf Anhieb gut verstand. Die beiden unterhielten sich. Irgendetwas schien der Mann in dem jungen Maschmeyer zu sehen. Er erkannte wohl das Potenzial des ehrgeizigen Mannes, der bereit war, für sein Geld hart zu arbeiten. Und er erkannte Maschmeyers Talent, sich selbst zu verkaufen. Also stellte er ihm eine Frage, zu der wohl niemand »Nein« gesagt hätte: »Willst du mit sechs Stunden Arbeit pro Woche 4.000 Mark im Monat verdienen?«

Maschmeyer willigte ein. Und lernte eine Strategie, die er selbst später anwenden würde. Wer zu einem solchen Angebot »Ja« sagt, bekommt nicht bloß 4.000 Mark im Monat. Er bindet sich beruflich für längere Zeit an den Fragesteller. Der Mann auf Djerba war ein Finanzberater vom OVB, einem Kölner Finanzvertrieb. Und er stellte Maschmeyer ein.

So begann Carsten Maschmeyer mit 19 Jahren, Bausparverträge zu verkaufen. Doch das Geschäft lief schlecht. Im internen Ranking seines Arbeitgebers stand er an letzter Stelle. Eine »Schmach« wird er das später nennen. Bestätigung und Lob bekamen nur die Männer und Frauen, die verkauften, die Erfolge vorweisen konnten. Er selbst zählte nicht dazu. Maschmeyer wollte jedoch den Erfolg. Um jeden Preis. Also stürzte er sich voll in die Arbeit. Er vernachlässigte sein Studium. Der Nebenjob nahm immer größere Teile seines Lebens ein. Irgendwann wurde der Nebenjob sein Leben. Für das Studium hatte er keine Zeit mehr. Wer Erfolge verbuchen will, der kann sich nicht mit halben Sachen zufriedengeben. Der angehende Arzt wurde kurz vor seinem Physikum zwangsexmatrikuliert. Zu viele Fehlstunden.

Die neu gewonnene Freizeit zahlte sich bei der Arbeit aus. Es dauerte nur drei Monate, bis er auf Platz eins der Verkäufer-Bestenliste landete. Und er gab weiter Gas. Und wurde befördert. Und gab sich damit immer noch nicht zufrieden.

Mit 24 wurde Maschmeyer Landesdirektor. Er arbeitete sich auf jeder Bestenliste in die jeweils nächste Gehaltsstufe nach oben. Bald fuhr er die erste Million ein. Der OVB zahlte ihm sechsstellige Monatsgehälter. Maschmeyer trug teure Ketten, Ringe, Manschettenknöpfe. Er hatte alles, was man braucht, und sehr viel mehr, was man nicht braucht. Dann begann der OVB Gesellschaftsanteile zu verkaufen. Es wurde umstrukturiert. Nach eigener Aussage in einem *ZEIT*-Interview aus dem Jahr 2014 war Maschmeyers Abteilung für 50 Prozent des Umsatzes verantwortlich. Ihm wurde gekündigt. Weil er den Inhabern »zu stark« geworden sei. Er bekam eine Abfindung in Millionenhöhe.

1987 war Maschmeyer mit 28 Jahren arbeitsloser Millionär. Doch Maschmeyer hatte noch nicht genug. Er nutzte sein Geld und kaufte einen Mehrheitsanteil des Allgemeinen Wirtschaftsdienstes auf. Für 900.000 Mark übernahm er das Unternehmen, das zu diesem Zeitpunkt erst ein paar Monate alt war. Der AWD war ebenfalls ein Finanzvertrieb. Er vermittelte Produkte wie Versicherungen und Kapitalanlagen, darunter auch Immobilien. Fonds anderer Firmen wurden vom AWD an den Mann gebracht. Der Vertrieb wurde zwar nicht von Maschmeyer selbst gegründet, aber schon bald sollte sein Einfluss so mächtig werden, dass er nichtsdestotrotz als Gründer erscheinen würde. Er kopierte, was er gelernt hatte. Er hatte gelernt, worauf es ankam, wenn man Dinge verkaufen will: Man blendete potenzielle Kunden und drückte ihnen sein Produkt auf. Dabei war es völlig egal, ob man Tupperware, Staubsauger oder Altersvorsorgen verkaufte. Es zählte der Verkauf, nicht das Produkt und schon gar nicht der Kunde.

Maschmeyer machte aus dem AWD einen Strukturvertrieb. Ein Strukturvertrieb ist aufgebaut wie eine Pyramide. Ganz oben sitzt der Chef. Unter ihm sind seine Untergebenen, die wiederum ihre eigenen Untergebenen haben. Je tiefer man geht, desto breiter wird das Fundament an Untergebenen. Und alle scheffeln das Geld nach oben. Viele Jahre lang stand Maschmeyer allein an der Spitze – und kassierte entsprechend. Er engagierte Direktoren. Die Direktoren betreuten Filialleiter, die Filialleiter betreuten Vertreter, die Vertreter verkauften die Produkte. Die Losung lautete: Je mehr man verkaufte, desto höher stieg man in der Pyramiden-Hierarchie. Und je weiter oben man war, desto mehr verdiente man.

Die erste Zielgruppe der AWD-Verkäufer: Freunde und Bekannte. Sie arbeiteten wie die meisten anderen »Drücker« auch. Klassischerweise begannen sie ihren Verkauf im eigenen Umfeld. Dort wo bereits Vertrauen existierte. Im Verkaufsgespräch wurden die Bekannten dann nach deren Freunden gefragt. Diese Freunde wurden ebenfalls angerufen, und dabei wurde der Name der gemeinsamen Bekannten fallen gelassen, damit auch beim nächsten Kunden eine gewisse Vertrauensbasis vorhanden war.

Die Gespräche selbst verliefen immer ähnlich und nach einem psychologisch genau ausgeklügelten Prinzip. Dem Ahnungslosen wurde von einer scheinbar privaten Bekanntschaft eine Frage gestellt, auf die er nur positiv antworten konnte. Ob man nicht am Ende des Jahres mehr Geld haben wolle als am Anfang? Ja? Dabei könne man helfen. Es wurden persönliche Termine vereinbart. Die Menschen waren verwirrt, sagten vorschnell einem Treffen zu, denn den allermeisten fiel es schwer, in einer solchen Situation explizit »Nein« zu sagen. Und schon saßen sie in einem Verkaufsgespräch. Sie wurden zu Kunden.

Die Kunden wurden dann zu potenziellen Kollegen. Wer würde noch für den AWD arbeiten können? Wer kam als

Drücker infrage? Die Auswahl musste natürlich sorgfältig getroffen werden. Das war auch eine Leistung, die der AWDler bringen sollte: die Rekrutierung des Nachwuchses. Die Arbeit war schmutzig, aber sie musste getan werden, das wusste Maschmeyer. Er hielt vor seinen Mitarbeitern einen »Powertag« ab und verglich die Suche nach den richtigen Neuanwerbern mit dem Pariser Vergnügungsviertel: »Jetzt können Sie als Zirkusdirektor vom Crazy Horse sagen: Ah, was muss ich morgen wieder Titten gucken, Titten gucken, Titten gucken. Aber jede Hundertste sieht nur so aus, dass die Kerle da hinwollen. Und wissen Sie, was er nächste Saison macht: Titten gucken, Titten gucken, Titten gucken. Ja, das ist sein Job! Und meine Damen, nicht dass Sie denken, das geht nur so rum: Wenn Sie Puffmutter wären und hätten Bimbos: Schniedel gucken, Schniedel gucken, Schniedel gucken, Schniedel gucken. Das ist für einen Pornohersteller so, das ist für einen Fußballtrainer so, und das ist für eine AWD-Führungskraft so.«

Es war eine Pyramidenstruktur, die von Insidern auch als Schneeballsystem bezeichnet wurde. Wer oben war, wurde von Maschmeyer mit einem Zuhälter verglichen. Die unten waren Prostituierte. Sie arbeiteten dafür, dass das Geld an die Spitze floss. Die AWD-Pyramide wuchs schnell, und der Bedarf an Vertretern war bald erschöpft. Genauso wie die Nachfrage der Kunden. Wer bald eingestiegen war und sich weit genug nach oben arbeitete, der hatte Glück. Aber nicht alle konnten Direktoren werden. Der Großteil blieb zurück.

Der AWD

Der AWD wurde durch seinen Erfolg schnell zu einem Musterbeispiel für die klassische »Drückerkolonne«. Und machte bald die ersten Negativschlagzeilen. Bereits 1995 warnte die Stiftung Warentest vor den AWD-Produkten. Der AWD hatte zu diesem Zeitpunkt Darlehensverträge und Bankgarantiegeschäfte vermittelt, die traumhafte Konditionen versprachen, aber den Anlegern nur das Geld aus den Taschen zogen. So wie die Dreiländerfonds »DLFs«.

Die DLFs wurden als »bombensichere Anlage« verkauft und folgten einem simplen Konzept. Die Fonds streuten die Investitionen gleichermaßen in unterschiedliche Projekte in drei verschiedenen Ländern. Alle hatten unterschiedliche Währungen und waren dementsprechend unabhängig voneinander. Sollte sich eine der Investitionen nicht auszahlen, hätten die anderen beiden den Verlust auffangen können.

AWD-Vertreter, die das Produkt verkauften, glaubten selbst daran, dass es sich um einen »bombensicheren« Fonds handelte. Denn so wurde es ihnen vermittelt. So wie im Fall von Christiane und Roland Schulz (Namen geändert). Die beiden AWD-Vertreter erinnern sich Jahre später für die ARD an diese Zeit. Im Video-Beitrag sind sie bereits älter als damals. Christiane Schulz sitzt vorgebeugt und stützt sich auf dem Tisch ab. Roland Schulz bleibt aufrecht. Er ist ein korrekter Mann mit Krawatte und kurz geschnittenen Haaren. Seine Hände legt er flach auf den Tisch. Er hat nichts zu verbergen. Er ist ein offener Mann. Beide können gut und flüssig reden. Haben angenehme Stimmen. Beide schildern ihre damalige Tätigkeit sachlich und geordnet aus ihrer Perspektive. Und sie beide waren damals vom Dreiländerfonds völlig überzeugt. Ihnen wurde das Produkt als genauso sicher dargestellt, wie sie es an ihre Kunden weitergaben. Auf gigantischen Tagungen hatten ihre Chefverkäufer auf der Bühne gestanden und ihre Mitarbeiter angelogen: »Was ich Ihnen zeige, ist der Mercedes unter den deutschen Kapitalanlagen.«

Ein Kuchendiagramm, im Mercedes-Schnitt gedrittelt, lag auf dem Overheadprojektor. Der Saal voller Vertreter konnte die übergroßen Handschatten des Verkaufstrainers dabei beobachten, wie sie jedes Drittel einem Land zuschrieben. Das erste sollte in Deutschland bleiben. Das zweite in die Schweiz gehen und das dritte in die USA. »Wenn mich einer fragt: ›Wie funktioniert der Dreiländerfonds?‹ sage ich gnadenlos: Hervorragend!«

Christiane und Roland Schulz hatten keine Chance. Sie bekamen das Geschäft nicht erklärt, sie lernten lediglich, wie sie jede Frage nach Klärung abschmettern konnten. Sie wussten von keinen Risiken. Und sie ließen ihren Kunden keine Chance. So wurde es ihnen beigebracht. Besonders älteren Menschen sollten sie die Fonds zusätzlich zur Altersvorsorge andrehen. Eine »zusätzliche Kleinigkeit« nennt es Christiane Schulz im Interview. Unzählige Male zeichnete sie den Mercedes-Stern auf ein Blatt Papier. »Sagt Ihnen das was? Ich habe heute den Mercedes unter den Kapitalanlagen für Sie!« Genau so wie sie es gelernt hatte. In jedes Drittel trug sie einen Anteil Immobilien aus einem der drei Länder ein: Deutschland, Schweiz und USA. Erklärte die 7 Prozent Ausschüttung und informierte über das einzige Risiko, das ihr selbst bekannt war: Wenn eines der Länder wegbrach, dann gebe es nur 4,5 Prozent. Ob das ein Problem sei?

Wenn die Leute mehr von den Risiken wissen wollten, taten die Vertreter verwundert. Der Kunde wurde »rhetorisch plattgehauen«, erzählt Roland Schulz im Interview. »Glaubt Ihr denn wirklich, der Herr Maschmeyer ließe sich seinen guten Namen kaputt machen? Und wenn wirklich mal was passiert, dann wird der Herr Maschmeyer dafür einstehen.« Heute redet Roland Schulz anders. Er nennt Maschmeyer einen »Blender«. Er sei »eiskalt«. Dabei bleibt Schulz ganz ruhig.

Maschmeyer begann bereits 1995, seine Vertreter auszubilden. In Deutschland kann sich jeder ohne Schulung oder Studium, ohne jede Form von Ausbildung oder Zertifikat als »Finanzberater« ausgeben. Der Begriff ist rechtlich nicht geschützt, die Ausbildung liegt in den Händen der Finanzunternehmen. Entsprechend schnell ist man der Kritik ausgesetzt. Um dem vorzubeugen, packte Maschmeyer ordentlich an. Er bildete aus. Natürlich hausintern. Und natürlich nach seinem eigenen Gusto.

Der *Spiegel* veröffentlichte einen Auszug aus einem der AWD-Schulungshandbücher zum Verkauf des »IMF 3«. Ein Fonds, der in unterschiedliche Filme investierte. Die Anleger gaben Kredite. Wenn die Filme Gewinne einspielten, erhielten sie einen Anteil entsprechend ihres Beitrags. Allerdings spielt generell nur jeder zehnte Film echte Gewinne ein. Die Zeitschrift nannte den Auszug passenderweise ein »Drehbuch«, denn die »Schulungspapiere« lasen sich genauso. Mit auswendig gelernten Zeilen schlüpften die Angestellten in die Rolle eines Finanzberaters.

AWD-Mitarbeiter: Welchen guten Film haben Sie zuletzt im Kino gesehen?

Mandant: Film X.

AWD-Mitarbeiter: ... Sie sehen, dass in diesem Bereich viel Geld verdient werden kann. Stellen Sie sich einmal vor, Sie selber könnten in Zukunft an diesem Wachstumsmarkt ebenfalls profitieren, wäre das gut?

Mandant: Ja.

AWD-Mitarbeiter: Gut. Um von diesem Wachstumsmarkt zu profitieren, müssen Sie folgende Voraussetzungen erfüllen: Sie investieren 50.000 DM in diesem Jahr. Das Finanzamt zahlt 25.000 DM im nächsten Jahr zurück. Sie haben also 25.000 DM investiert. Sie erhalten dafür ca. 75.000 DM in den nächsten sieben Jahren zurück. Ist das für Sie interessant?

Mandant: Natürlich.

Die Mitarbeiter wurden zu Schauspielern geschult, nannten sich aber »Berater«. Nach einem nur 60-stündigen Trainingsprogramm sollten die Vertreter qualifiziert sein, individuelle »Finanzanalysen« bei ihren Kunden durchzuführen. Das war auch das Erste, was sie ihren potenziellen Kunden anboten. Natürlich, um deren finanzielle Lage zu verbessern. Die Sache war nur: Sie verschwiegen ihren »Mandanten« den Unkostenbeitrag von 80 Mark, den eine sogenannte Analyse mit sich brachte. Und sie verschwiegen auch, dass sie eben Vertreter waren und für den AWD arbeiteten. Sie waren Wölfe im Schafspelz. Die Kunden sahen einen zuvorkommenden Finanzberater vor sich, keinen Verkäufer.

Dann wurden noch mehr Fangfragen à la Drehbuch gestellt. Die von den AWD-»Beratern« angebotenen »Analysen« waren kaum mehr als eine standardisierte Hochrechnung der Zahlen, die vom Kunden gegeben wurden. Aber sie sahen professionell aus. Ganz nach Drehbuch spielte der Verkäufer die Rolle eines Finanzexperten. Auf dieser Basis konnten dann jedem Kunden die immer gleichen Produkte verkauft werden. Es wurde so getan, als würde die erbrachte Leistung perfekt zu den Zahlen passen. Und ganz unabhängig davon, ob die Angebote sinnvoll waren oder nicht – die »Analysen«

waren jedenfalls nicht das, was sie vorgaben zu sein. Es handelte sich zumeist ganz einfach um das falsche Produkt für den falschen Kunden. So hatten etwa die Fonds für Menschen, die kurz vor ihrer Rente standen, teilweise eine Laufzeit von 15 Jahren. Gleichzeitig ermöglichten sie satte Provisionen für die Vertreter und ihre Vorgesetzten.

Um möglichst sicher an diese Provisionen zu kommen, wurden Rückkaufgarantien ausgesprochen, die gar nicht existieren. Ab dem siebten Jahr sollten die Fonds ohne Verluste zurückgegeben werden können. Falsche Steuerprozente standen auf den Blättern. Und es wurde Druck gemacht. Wer zu spät komme, werde die begrenzten Anteile der Fonds nicht mehr erwerben können und die angeblich einmalige Gelegenheit verpassen. Wer hingegen innerhalb kürzester Zeit, noch vor dem Jahreswechsel unterschreibt, der könne sogar für das laufende Jahr noch Steuerersparnisse geltend machen. »Je kälter die Jahreszeit, desto heißer der Umsatz«, gab Maschmeyer seinen Angestellten in der Hausbroschüre mit auf den Weg.

Der Betrug, der den Betrügern nicht bewusst war, funktionierte perfekt. Die DLFs wurden glaubhaft als »bombensicher« angepriesen. Die, die es besser wussten, saßen weit entfernt von den eigentlichen Geschäften in den Wohnzimmern der Bundesrepublik.

Die »bombensichere Anlage« kostete durchschnittlich 50.000 bis 65.000 Mark. Es konnte aber auch sehr schnell mehr werden. Was die Kunden nicht wussten: Die geschlossenen Fonds konnten an der Börse nicht gehandelt werden. Es gab keine Möglichkeit, die Anteile schnell zu verkaufen. Das Risiko lag beim Besitzer.

Die Finanzierung war hart. Zahlreiche Menschen verschuldeten sich. Zur perfekten Altersvorsorge wurden Kredite aufgenommen. Kredite wurden von den »Beratern« sogar empfohlen. Teilweise wurden aufgesetzte Kreditverträge mitgebracht. Die könne man dann mit den Ausschüttungen ja ganz einfach abbezahlen.

Wie der Kunde später mit dem Produkt klar kam, ob er damit überhaupt Gewinn machte, war völlig irrelevant für die Bezahlung des AWD und seiner Vermittler. Mit einem anderen Gehaltssystem und ein wenig mehr Ausbildung hätten die Vertreter eine Chance auf eine seriöse Arbeit gehabt. Sie hätten selbst entscheiden können, ob sie sich für dieses Geschäft hergeben wollten. So aber wurden die Angestellten unbewusst zu Drückern geschult.

Für den Verkauf – oder das Anwerben neuer Vermittler – erhielt ein Mitarbeiter sogenannte »Einheiten«. Von den verdienten Einheiten hingen die Provisionen ab und die Aufstiegsmöglichkeiten. Wer am meisten verkaufte, wurde am schnellsten befördert und verdiente am meisten Geld. Wer eine höhere Position innehatte, bekam mehr von der Provision pro Einheit. Gleichzeitig ging ein Teil wieder an die Vorgesetzten.

Der *FINANZtest* berichtete ausführlich über die Provisionen und rechnete eine Provision beispielhaft durch: Von 2.000 Mark ging ein Viertel an den Vertreter. Seine Leiterin erhielt einen kleineren Anteil von 400 Mark, ihr Manager 200, die Direktion teilte sich ebenfalls 200 Mark und der restliche – und größte – Teil von 700 Mark ging an den AWD. Der war im Besitz von Maschmeyer selbst.

Von den Provisionen konnten nur die wenigsten der AWD-Berater am Fuß der Pyramide leben. Den Druck von oben mussten sie an ihre Kunden weitergeben, um am Ende des Monats genug Geld zu haben. Sie bekamen ein Grundgehalt, einen Vorschuss, der in manchen Fällen »normalen«

1.750 Euro entsprach, manchmal aber auch exorbitant hoch war. Die Summe war in Wirklichkeit egal, da das Geld zurückgezahlt werden musste. Mit Zinsen. Das Grundgehalt war reine Augenwischerei. Übrig blieben für die meisten Vertreter nur ein paar Hundert Euro. Um ihre Familien zu ernähren, mussten sie an jeder Ecke sparen. Die AWD-Angestellten waren nicht selten noch Jahre später finanziell ruiniert. Es war ein Teufelskreis: Wenn jemand zugab, dass er mit dem Geld aus den Verkäufen nicht auskam, geriet er unter Verdacht, nicht hart genug zu arbeiten. Und bevor sich die Verkäufer diese Blöße gaben, wurden Kredite aufgenommen, Versicherungen gekündigt. Die Lebensgrundlagen wurden abgebaut.

Wer kündigte, war deswegen noch lange nicht draußen. Später berichtete ein ehemaliger Vertreter, der dem Druck zu entkommen versucht hatte, dem *FINANZtest*: »Wir wurden verklagt, bedroht und observiert.« Ein anderer erzählte, dass es in den Drohungen darum ging, seine Familie »plattzumachen«. Der AWD forderte Schadensersatz oder Bürokostenzuschüsse. Das meiste davon war vollkommen haltlos. Aber die Drohungen reichten aus, um den Vertretern Angst zu machen.

Die Öffentlichkeit

Mit den Drücker-Methoden kam der AWD voran. Maschmeyer wollte an die Börse gehen. AWD-Mitarbeiter konnten im Vorfeld Aktien erwerben. Natürlich indem sie mehr verkauften, mehr Kunden rekrutierten, mehr Verträge abschlossen. Wer auf diese Weise die Option auf eine Aktie zugeteilt bekam, dem wurde »nahegelegt«, sie auch tatsächlich zu kaufen.

Selbst wenn eigentlich das Geld fehlte. Druck blieb über Jahre hinweg das Erfolgskonzept.

Und dann wurde Maschmeyer auch politisch aktiv. Zunächst allerdings undercover. Sein erster Zug war eine anonyme Wahlkampagne. »Der nächste Kanzler muss ein Niedersachse sein.« Ein anonym gesponserter Wahlspruch, der sich in allen Zeitungen des Landes fand. Darüber ein Bild mit den sechs bisherigen Bundeskanzlern, von Konrad Adenauer bis Helmut Kohl. Und wer stand gegen Letzteren zur Wahl? Gerhard Schröder! Ein Niedersachse. Hinter der Anzeige steckte die Werbeagentur Jung von Matt. Finanziert wurde das Ganze von der völlig unbekannten Initiative »Handwerk und Mittelstand für Gerhard Schröder«. 650.000 Mark wurde für die Anzeige gezahlt. Und verantwortlich zeigte sich nach der Wahl Schröders zum Bundeskanzler niemand anderes als Carsten Maschmeyer. Beim Italiener will er mit der Werbelegende Jean-Remy von Matt auf die Idee gekommen sein, sich den niedersächsischen Stolz zunutze zu machen. Später behauptete Maschmeyer, dass er damit vor allem Oskar Lafontaine als SPD-Kanzlerkandidat verhindern wollte.

Das ließ die Kritiker abermals aufhorchen. Denn es war nicht der erste Kontakt zwischen Schröder und Maschmeyer – auch wenn die beiden bisher nur indirekt miteinander zu tun gehabt hatten. Als der Beruf des Finanzberaters Mitte der 1990er-Jahre wegen der nicht vorhandenen Ausbildung in die Kritik geriet, wollte Gerhard Schröder eingreifen. Der damalige Ministerpräsident Niedersachsens gab einen Gesetzesentwurf zur Ausbildung von Versicherungsvertretern in Auftrag. Auf den ersten Blick war es gar nicht weiter ungewöhnlich, dass Gerhard Schröder sich berufen fühlte, die Sache anzugehen. Regierungen schreiben nun einmal Gesetze. Allerdings war Niedersachsen zu dem Zeitpunkt kein Land, das für seine Finanzdienstleister bekannt war. Das einzige große Unternehmen in dieser Branche saß in Hannover. Und natürlich war es der AWD. Und natürlich stammte der Gesetzesentwurf nicht von den Experten in der Regierung, sondern aus Schröders Staatskanzlei selbst.

Der Verdacht der Opposition war, dass es ein Interesse gab, die etablierten Unternehmen zu stärken – in Niedersachsen also ausschließlich den AWD. Der Gesetzesentwurf machte es kleinen Beratungsunternehmen schwerer, auf dem Markt zu bestehen. Beratung sollte es nur noch von den Konzerngrößen geben. Von der Stange. Nicht mehr klein und individuell. Die Opposition fragte den Ministerpräsidenten aus. Der implizierte Vorwurf war, dass die großen Finanzunternehmen das Gesetz zu ihren Gunsten beeinflusst haben. Doch die Regierung wies alles zurück. Bei dem Entwurf hätten in der Kanzlei nur Verbände gesessen, nicht der AWD, beteuerte ein Regierungssprecher auf diesen Verdacht hin. Wie zum Beispiel der Verband unabhängiger Finanzdienstleister »VOTUM«. Der vertrat die Finanzvertriebe und entstand insbesondere aus dem AWD. Der Verband galt aber in den Augen der Regierung nicht als Einfluss durch ein Unternehmen bei der Gesetzesschreiberei.

War Maschmeyers Sponsoring der Versuch, sich zu revanchieren? Erhoffte er sich auf diesem Weg einen direkten Draht zur Regierung? Suchte er künftig Einfluss in die Gesetzgebung zu haben? Diese Fragen blieben offen. Aber für sein Netzwerk wurde Maschmeyer berühmt. Und die Verbindungen reichten nicht allein in die Politik. Zu sehen war er mit Prominenz aus allen Bereichen. Schließlich sieht jeder Mann gut aus, sobald er neben einem Sportler oder einem Rockstar steht. Wer könnte so einen Mann für unseriös halten? Solche Männer sind Vorbilder, keine Versager.

Während Maschmeyer in der Öffentlichkeit eine gute Figur machte, sorgten seine Finanzprodukte für Ärger. Zumindest bei den Kunden. Insbesondere ein Fonds rückte zunehmend in die Kritik – der mit Abstand größte unter den 17 Dreiländerfonds: der DLF 94/17. Bei diesem Fond wurden nicht drei gleich große Drittel zusammengeschnürt, sondern über die Hälfte des Geldes blieb in Deutschland, wo es zu einem großen Teil in Immobilien floss. So etwa in das Stuttgart International Centrum – ein Mehrzweckbau mit Kino, Konferenzräumen und sogar zwei Musicaltheaterbühnen –, dessen Betreiber Insolvenz anmelden mussten. Der Wert der Immobilie sank von 840 Millionen auf 100 Millionen Mark. Beim DLF 94/17 fielen dadurch gleich 54 Prozent des Geldes weg.

Und auch die Investitionen im Ausland trugen kaum Früchte: Der US-Immobilienmarkt war alles andere als stabil, und die Anlagen im Schweizer Wertpapierdepot des Fonds waren verkauft worden. Der DLF 94/17 stürzte in sich zusammen. Von den 1,3 Milliarden Mark der 20.000 Anleger blieben nur etwa 390 Millionen übrig. In den 17 Fonds wurden knapp 4 Milliarden Mark von über 50.000 Anlegern investiert. 36.000 dieser Anleger waren über den AWD vermittelt worden.

Der AWD trug keine Haftung für seine Methoden oder das Scheitern der vertriebenen Produkte. Die Unternehmenszahlen des AWD stimmten. Nur die Presse blieb schlecht. Im September 2000 verbot *FINANZtest* der AWD die Werbung mit ihrem Namen. Wo die Zeitschrift jahrelang vor dem Dienstleister gewarnt hatte, behauptete der AWD das Gegenteil mit den zweideutigen Zeilen: »*FINANZtest* empfiehlt einen unabhängigen Berater. Nehmen Sie doch Europas Größten.«

Im November zog die Zeitschrift nach und berichtete über »Schrottimmobilien«, die der AWD an Immobilienhändler und -besitzer vermittelt hatte. Einige Wohnungen waren verwahrlost, vermüllt, nicht bewohnbar. Viele waren nur augenscheinlich saniert und fingen nach wenigen Wochen an zu stinken. In den Wänden lebten gefährliche Schimmelpilze. Der Putz bröckelte von den Außenmauern. Wärmeschutzvorschriften wurden verletzt. Manchmal mangelte es sogar am Brandschutz. Die erforderlichen Sanierungen kosteten die AWD-Kunden sechsstellige Beträge – sofern diese überhaupt möglich waren. Der Wert der Immobilien sank kurz nach dem Kauf in den Keller. Die Mieten fielen und die Wohnungen waren monatelang nicht bezugsfertig. Abgemachte Mietausfallzahlungen wurden nicht geleistet. Die Banken, die dem AWD zufolge dafür einstehen sollten, wussten nichts von einem derartigen Abkommen. Andere Unternehmen, die die Mieter absichern sollten, gingen schnell insolvent. Eine versprochene »Rundumbetreuung« durch das Immobilienbüro des AWD fand nicht statt. *FINANZtest* berichtete von 1.300 solcher Immobilien. Der AWD zweifelte die Zahl an. Die Veröffentlichung sollte per Unterlassungserklärung verhindert werden. Die Einschüchterungsversuche schlugen jedoch fehl.

Wer wollte, dass der AWD seinen Teil des Vertrages einhielt, musste vor Gericht ziehen und anfangen, selbst Druck zu machen. Daraufhin wurden viel später unzureichende Sanierungen angeboten – mit einer um fünf Jahre reduzierten Mietgarantie. Die Voraussetzung für dieses Angebot kannte man von der AWD bereits: Der Kunde musste auf alle Ansprüche verzichten. Die betrogenen Kunden standen erneut alleine da.

Durch die Turbulenzen verzögerte sich der geplante Börsengang des AWD. Erst im Jahr 2000 war es so weit. Maschmeyer behielt über die Hälfte des Unternehmens und verkaufte aus dem Rest 9 Millionen Aktien zu einem Erstemissionspreis von je 56,10 Euro. Tiefer als geplant. Aber der Wert kletterte schnell auf 66 Euro. Insgesamt eine halbe Milliarde Euro war das Unternehmen den Anlegern wert. Die Finanzspritze nutzte Maschmeyer, um sich die Konkurrenz einzuverleiben. Aber immerhin ein Fünftel der Firma gehörte jetzt den AWD-Mitarbeitern in Aktien.

Maschmeyer investierte zwei Jahre später 12 Millionen Euro in Werbung für die Firma und polierte das zerstörte Image seines Unternehmens wieder auf. Es erschienen einige wohlwollende Artikel über Maschmeyer, die seine Kämpfernatur und harte Vergangenheit betonten. »Die ehemaligen Drücker haben sich fein gemacht – für die Börse«, schreibt das *Manager Magazin* am 22.02.2002. Andere blieben unbeeindruckt von dem neuen Maschmeyer-Image. Im Jahr 2001 begann eine erste große Klagewelle wegen der abgeschmierten Dreiländerfonds. Die Anleger fielen aus allen Wolken, als die versprochenen Ausschüttungen ausblieben. 7 Prozent hatten sie bekommen sollen, so war es ihnen im Verkaufsgespräch angepriesen worden. Im schlimmsten Fall hatten es 4,5 Prozent sein sollen. Als nicht einmal die kamen, wuchs die Empörung. Die Anleger waren keine Spekulanten, sondern Kleinsparer. Der AWD hatte seine Beratungspflicht verletzt, so lautete die Anklage. Einer der Anwälte, Oliver Renner, berichtete aus den Vorverhandlungen, dass das Landgericht Hannover zuversichtlich sei. Die Chancen für die Anleger seien »günstig«.

Der Schaden war enorm. Die Verluste lagen oft bei 70 Prozent. Es verschwanden komplette Altersvorsorgen. Dabei hatten die DLFs vermeintlich dazu beitragen sollen, gerade älteren Menschen die Renten aufzubessern. Jeden Monat flossen drei- bis vierstellige Summen in den Schuldenabbau. Viele Betroffene mussten sich im Ruhestand einen Job suchen, um irgendwie über die Runden zu kommen.

»Das ist wirklich ein Witz!«, sagte Ariane Lauenburg von der Stiftung Warentest später dem ZDF. »Weil es Zehntausende von Anlegern gibt, die vom AWD geschädigt wurden.« Einen geschlossenen Fonds mit Krediten zu finanzieren, sei eine »systematische Falschberatung. Es ist unverantwortlich, insbesondere Leuten, die keine gute Bonität haben, eine Anteilsfinanzierung vorzuschlagen, weil in dem Moment, wenn die Ausschüttungen nicht mehr fließen, können diese Leute in aller Regel ihre Kreditraten Monat für Monat nicht mehr bezahlen. Damit sind Anleger tatsächlich dann finanziell ruiniert.«

Auch die damaligen Frühwarnungen der Stiftung Warentest kamen bei vielen nie an. Weder bei den Vertretern noch bei den Kunden. Der AWD wurde reich, aber die Investitionen waren ein Reinfall. Das Geld war die Konzernpyramide nach oben gewandert und in den Immobilien verpufft. Bis das jemandem auffiel, hatten die Kleinanleger, begeistert von den anfänglichen Ausschüttungen, dem AWD schon weitere Produkte abgekauft. Und die waren nicht weniger unsicher. Die Falk-Fonds, die CM-Fonds. Alles keine guten Geschäfte für die Kunden.

Das Gericht

Heute sind die beiden ehemaligen AWD-Vertreter Christiane und Roland Schulz genauso fassungslos wie die ehemaligen Käufer ihrer Fonds. Christiane Schulz versucht nicht, ihre Reue zu verbergen, und geht hart mit sich ins Gericht: »Ich finde das ganz furchtbar, dass wir damals Leuten so etwas verkauft haben. Dass wir an so etwas geglaubt haben. Dass wir uns durch diese Schulung so weit begeistern und überredet haben lassen, dass viele meiner Kollegen ja selbst so etwas gekauft haben. Ich finde es ganz schrecklich, wenn ich heute diese Schicksale miterlebe, die viele Leute haben, durch die Verkäufe dieser geschlossenen Immobilienfonds.«

Von Fall zu Fall kamen einige Kunden mit einem langfristigen Verlust von 10 oder 30 Prozent davon. Immer noch weit mehr, als sie bei einem angeblich risikolosen Geschäft erwartet hätten. Wer aber nicht das nötige Bargeld gehabt hatte und einen Kredit hatte aufnehmen müssen, der steuerte auf eine Katastrophe zu. Die Beteiligungssumme war weg. Statt Ausschüttungen zu erhalten, mussten Kredite abgezahlt werden. Jahrelang. Presseberichten zufolge hatten 36.000 AWD-Kunden in DLFs investiert. Selbst ein AWD-Verteidiger sagte aus, dass an knapp ein Drittel Kredite vermittelt worden waren.

Walter Fink, der Mann, der die Dreiländerfonds zusammengestellt hatte, distanzierte sich vom Vertrieb durch den AWD. Auch gegen ihn standen massive Vorwürfe im Raum. Verurteilt wurde er letztlich nur für Untreue. Wegen gerade einmal 11.000 Euro Zinsen, die ein frühes Abbuchen des Geldes von den Fonds an Schaden verursacht hatten. Eine Viertel Million musste er an gemeinnützige Einrichtungen abgeben – Geld, das von den 9 Millionen stammte, die er mit seiner Fehlkalkulation verdient hatte. Und die Anleger? Die bekamen nichts.

Letztlich war es allerdings nicht Fink, sondern der AWD, der sich unsauberen Methoden bediente, um die Fonds zu verkaufen. Er behauptete unbewegt, dass alle Risiken vermittelt worden seien. Die geprellten Kunden bekamen Besuch – die Führungsebene der AWD versuchte, ihnen die Klagen teilweise persönlich auszureden. Eine solche Anstrengung sei doch sinnlos, weil ohnehin nichts nachzuweisen sei. Wieder wurde der Druck auf die einfachen Leute zum bevorzugten Instrument des Unternehmens.

Im November 2001 gab es Hoffnung auf Entschädigung. In dem Fall eines Musiklehrers erstritt der 29 Jahre junge Rechtsanwalt Oliver Renner Schadensersatz. Er argumentierte damit, dass bereits schlechte Presse über den DLF 94/17 im Umlauf war, als sein Mandant den Vertrag unterzeichnete. Die Vertreter hätten ihm das aber verschwiegen. Das Landgericht Hannover entschied, der Kläger solle die 65.000 Mark aus der Anlage zurückbekommen. Der Brancheninsider-Brief *kapital-markt intern* schrieb, dass Renner »wohl erstmals die langen Jahre als ›Hausgericht‹ des AWD geltende Hannoveraner Richterriege ›geknackt‹« habe.

Es folgten viele ähnliche Fälle. Der AWD legte gegen zahlreiche unerwünschte Beschlüsse Berufung ein. Beispielsweise weil das Urteil seine Basis in einem alten Fall habe, der ihrer Ansicht nach nicht identisch sei. Die Aufregung beim AWD war nachvollziehbar. Sollte die Revision, in diesem Fall gegen Renner und seinen Musiklehrer, erfolglos bleiben, würde das Piloturteil für den AWD bittere Konsequenzen haben.

Das Oberlandesgericht Celle bestätigte das Urteil im August 2002 in zweiter Instanz. Ebenso viele andere Gerichte in anderen Ländern. Der Bundesgerichtshof beschloss indessen, dass es nur zu einem Schadensersatz kommen konnte, wenn die Fehler in der individuellen Beratung nachgewiesen würden. Die verwendeten Papiere – Verträge und Werbeprospekte – waren unproblematisch. Sie klärten die Anleger über das Risiko auf. Pauschale Vergleiche gab es nicht. Jeder Fall musste einzeln betrachtet werden. Oft gab es unterschriebene Gesprächsprotokolle, denen zufolge die Anleger aufgeklärt worden waren. Allerdings erinnerten sich viele Opfer anders an die Gespräche und die Aufklärungen. Die Lage war dramatisch. Für die Kläger entstanden oft Gerichtskosten im sechsstelligen Bereich.

Ein weiterer Streitpunkt waren die Kredite, die vielen Kunden verkauft wurden, um den Fonds zu finanzieren. Wer von seinem AWD-Vertreter Fonds und einen vorbereiteten Kredit vermittelt bekommen hatte, der konnte nach einem Gerichtsbeschluss 2003 seine Anteile an das Kreditinstitut abtreten und dadurch aus dem Geschäft herauskommen. Die Kreditgeber hatten jedoch Anrecht auf eine volle Rückzahlung, und die meisten Fonds waren nicht mehr viel wert. Die verbleibende Differenz musste der Kunde zahlen, sofern er das Katastrophengeschäft mit dem Fonds und dem Kredit loswerden wollte. Der AWD musste nichts zahlen. In Gefahr gerieten viel mehr die Vermittler, die in ihrer eigenen Unwissenheit falsch beraten hatten.

Dann kam es 2004 zu einem Vergleich mit dem ersten Kläger. Dadurch wurde das Piloturteil noch vor der Entscheidung auf höchster Instanz verhindert. Eigentlich hätte der Kläger einen Schadensersatz bekommen sollen. Damit der aber nicht rechtskräftig werden und damit die Tür für zehntausende weitere Kläger geöffnet würde, machte der AWD ein scheinbar zu gutes Angebot. Die Details sind nicht bekannt, da sich die Parteien zum Stillschweigen verpflichtet haben. Die Folge war jedoch eindeutig: Alle anderen Klagen mussten mühselig von vorn durchgearbeitet werden.

Was die Klagen anging, verfolgte der AWD eine simple und effiziente Strategie. Grundsätzlich hatten die wenigsten Normalverbraucher die Zeit, die Kraft und das Geld, um sich mit den Profis aus den juristischen Abteilungen der Finanzdienstleister anzulegen. Es war wie so oft in einem juristischen Verfahren: Wer die besseren Anwälte bezahlen kann, kann unliebsame Anliegen um Monate und Jahre verzögern.

Ein internes Protokoll des AWD aus dieser Zeit geriet Jahre später in die Hände der ARD. Darin geht es vor allem um den Absturz der Dreiländerfonds, die angereichert mit »Schrottimmobilien« waren. Die Inhalte sind erschreckend. Nicht nur die Anlegerklagen sollten mit allen Mitteln abgewehrt werden, auch die Presse sollte manipuliert und ein Ex-Minister »instrumentalisiert« werden. Der AWD legte 600 Millionen Euro zur Schadensbegrenzung zurück. Auch für die Gerichtskosten. Wer von den Klägern nicht aufgab, konnte höchstens auf eine Einigung hoffen. Mit schwachen Nerven und nach Jahren vor dem Gericht lässt man sich auf so manches Angebot ein. Angebote, die man nicht ablehnen kann. Publik werden ihre Inhalte eher nicht. Mit etwas Glück konnten die Verluste so auf 20 Prozent beschränkt werden.

Es sollte noch bis 2007 dauern, bis der Bundesgerichtshof am 12. Juli sein Urteil verkündete:

> *Der Umstand, dass ein Beteiligungsprospekt Chancen und Risiken der Kapitalanlage hinreichend verdeutlicht, ist kein Freibrief für den Vermittler, Risiken abweichend hiervon darzustellen und mit seinen Erklärungen ein Bild zu zeichnen, das die Hinweise im Prospekt entwertet oder für die Entscheidungsbildung des Anlegers mindert.*

Damit mussten die Kläger nun nachweisen, dass die AWD-Vertreter die Risiken der DLFs heruntergespielt hatten. Was zuerst nach einem Sieg für die Geschädigten klang, lief nur auf ein weiteres Kräftemessen hinaus. Spätestens auf höchster Instanz kam es in der Regel zu einem Vergleich. Präzedenzfälle wollte der AWD wohl um jeden Preis verhindern. Mit vollen Taschen für teure Ausgleiche und der Ausdauer für lange Gerichtsverhandlungen saß er am längeren Hebel.

Die Politiker

Während der AWD mit den Dreiländerfonds nicht nur davonkam, sondern auch weiterhin phänomenale Umsätze machte, arbeitete Maschmeyer schon lange an seinem nächsten Plan. Dem Superreichen wurden neue Geschäfte auf den Leib geschnitten. Die Zuarbeit erfolgte diesmal aus der Politik: Gerhard Schröder, inzwischen Bundeskanzler, dessen Arbeitsminister Walter Riester und der Wirtschaftsweise Hans-Adalbert Rürup hatten sich die Privatisierung der Rentenversicherungen vorgenommen. Sie gründeten 2002 die »Riester-Rente«. 2005 folgte die »Rürup-Rente«.

In beiden Fällen sollten durch staatliche Zulagen Anreize geschaffen werden, um junge Leute vom Kauf privater Rentenversicherungen zu überzeugen. Steuervorteile für Kinder und Berufseinsteiger sollten einer möglichen Altersarmut vorbeugen. Denn der Generationenvertrag, bei dem die arbeitende Bevölkerung die Rentner finanzierte, die ihre Generation zuvor unterstützt hatten, funktionierte nicht mehr wie früher. Deutschland ist seit Jahren ein überalterndes Land – es gibt schlicht zu wenig Kinder. Die »Riester-Rente« wandte sich dabei an Arbeitnehmer, die »Rürup-Rente« wurde nachgereicht und zielte speziell auf Selbstständige ab.

In den folgenden zehn Jahren erwarben etwa 14 Millionen Deutsche eine solche »Riester-Rente«. Von dem, was die arbeitende Bevölkerung in die »Riester-Rente« einzahlt, sind bis zu 2.100 Euro als Sonderausgaben absetzbar. Das Geld floss vom Steuerzahler zum Fiskus, zurück über den Bürger und zum Versicherungsvertreter. Denn der muss die Versicherungen ja an den Mann bringen.

Und wer ist dieser Versicherungsvertreter? Ganz recht. Maschmeyer kassiert.

Maschmeyer sagte, er habe mit der Einführung dieser Subventionen gar nichts zu tun. Über den Mann, dem er half, Kanzler zu werden, sagte er der *BILD*-Zeitung, er habe niemals mit Bundeskanzler Gerd Schröder gesprochen, schon gar nicht über die Einführung der Altersvorsorge. Maschmeyer berichtete laut dem *Spiegel*, dass die beiden sich erst 2002 kennenlernten.

»Herr Bundeskanzler«, nannte er den Regierungschef dabei verlegen.

»Hör auf, ich bin der Gerd«, sagte der Bundeskanzler.

Worüber sie sonst geredet haben, wenn nicht über die neue Rente, erzählte Maschmeyer nicht.

Weniger verlegen gab sich Maschmeyer innerhalb seiner Firma. Er feierte die Rentenreform mit seinen Angestellten. »2005 werden 10,9 Billionen Euro für die private Altersvorsorge und Krankenversicherung bereitgestellt. Das ist der größte Geldklumpen, der je angelegt wurde, und wir sind mittendrin.« Seine Euphorie schien er über die Jahre nicht verloren zu haben. Er malte große Bilder, die weiter sein altes Credo vermittelten: Wer jetzt nichts leistete, der war ein Versager. »Es ist so, als ob wir auf einer Ölquelle sitzen. Sie ist angebohrt, sie ist riesig, und sie wird sprudeln«, wird er später sagen.

Schröder, Riester und Rürup hatten den Bohrkopf angesetzt. Sie alle drei fanden sich später in geschäftlichen Verhältnissen mit Maschmeyer wieder. Und Riester tourte mit seiner Rente quer durchs Land. Oftmals gemeinsam mit dem AWD. Das seien nur Informationsveranstaltungen gewesen, behauptete Riester. Für die »Riester-Rente«. Auf den Bildern, die bei diesen »Informationsveranstaltungen« entstanden, sieht man ihn vor einer großen Leinwand mit AWD-Logo.

Mit Vertretern der AWD. Man ließ sich nach dem Vortrag gemeinsam fotografieren – Fotos, die später zweifelnden Kunden unter die Nase gehalten wurden. Ein Versicherungsvertreter, der mit dem ehemaligen Minister Riester auf einem Foto abgebildet wurde, der musste ja vertrauenswürdig sein. Damit konfrontiert reagierte Riester vor der Kamera extrem ungehalten. »Ich bin noch nie für ein Produkt oder für einen Anbieter werbend aufgetreten. Das werden sie auch zukünftig nicht erleben«, beteuerte er.

7.000 Euro bekam er für manche Auftritte.

Und Schröder lag auch nicht auf der faulen Haut. Als die erfolgreichsten Vertreter des AWD am 1. Dezember 2004 im Berliner Hotel Estrel zusammenkamen, überraschte Maschmeyer sie mit einem unangekündigten Gast. Gerhard Schröder trat vor dieselben Vertreter, die in der Vergangenheit schon die Dreiländerfonds verkauft hatten, und heizte sie an. Sie »erfüllen eine staatsersetzende Funktion. Sichern Sie die Rente Ihrer Mandanten, denn der Staat kann es nicht!«, hieß es daraufhin in einer Mitarbeiterzeitung.

Die berühmten Männer verliehen den AWD-Produkten Seriosität. Und es wirkte. Der AWD-Vertreter war jetzt nicht nur Finanzexperten, Berater und Bekannte, sondern auch noch Staatsdiener. Der Umsatz der AWD stieg weiter. Es herrschte Goldgräberstimmung. Als 2003 die Konkurrenz aus Heidelberg MLP in Schwierigkeiten geriet, rannten die Vertreter scharenweise zum AWD, um dort anzuheuern. Sie brachten ihre zahlreichen Kunden mit, vorwiegend Akademiker und Haushalte mit höherem Einkommen. Behauptungen, dass die MLP-Vertreter gezielt abgeworben wurden, sind nicht belegbar.

Doch nicht nur der erhöhte Verkauf von Altersvorsorgen war eine Goldgrube. Mit dem 1. Januar 2005 fiel zudem die

Steuerfreiheit für Lebensversicherungen weg. Die neue Regelung war bereits im Dezember 2003 beschlossen worden. Folglich schrieb der AWD im Januar 2004 in der internen Zeitung:

> *Gehen Sie an dieses ›Umsatzsondermahl‹ mit großen Löffeln heran. Es ist wie im Lotto. Wir sind zwar sowieso auf der Siegerstraße. Aber jetzt können Sie zu den ›Sechs Richtigen‹ noch die ›Zusatzzahl‹ bekommen und so den ›Super-Jackpot‹ knacken. Jetzt gibt es keine Pausen, keinen Blick nach links oder rechts, sondern nur noch den zielorientierten Gang nach vorne.*

Die Vertreter hatten für die Dauer eines Jahres ein ganz neues Verkaufsargument. Wer noch 2004 eine Lebensversicherung kaufte, musste darauf keine Steuern zahlen. Torschlusspanik wurde angeheizt, genau wie man das schon bei den begrenzten Angeboten der geschlossenen Fonds getan hatte. Die Methoden hatten sich bei der AWD scheinbar kaum geändert.

Das Image

Für Maschmeyer ging das Kapitel AWD dem Ende zu. Im Urlaub in Florida fragte ihn sein Sohn, wieso die vielen Baukräne dort stillstanden. Im selben Jahr machte Vater Maschmeyer die gleiche Beobachtung in Dubai. Im *Focus* offenbarte er, dass das der Moment war, in dem er wusste, dass er »die Jetons vom Tisch nehmen« musste. 2007 verkaufte er den AWD an den Versicherungskonzern Swiss Life. 20 Jahre lang hatte er die Firma großgemacht und sich damit eine goldene Nase verdient, andere für sich arbeiten zu lassen. In den 1980er-Jahren hatte er, bereits als reicher Mann, 900.000 Mark investiert. Jetzt bekamen er und seine Aktionäre 1,2 Milliarden Euro zurück. Er machte ein grandioses Geschäft. Er verkaufte ein prächtiges Unternehmen, an dem viele Klagen und viel schlechte Presse klebten. Und das kurz vor der Finanzkrise. Fürs Erste blieb Maschmeyer Co-Chef. Als Vorstand blieb er noch bis 2009 tätig.

Dann wurde groß gefeiert. Und Maschmeyer weiß, wie man groß feiert. 2008 fand erst das 20. Jubiläum des AWD statt. In der Hannoveraner TUI-Arena waren Pink, Nelly Furtado, H.P. Baxxter und das ehemalige Spice Girl Mel C. eingeladen. Die Rockband Scorpions hatte einen Auftritt. Es existiert eine Video-Aufnahme, in dem der Sänger Klaus Meine Maschmeyer auf den Arm springt. Sogar Friedensnobelpreisträger Kofi Annan war zu sehen. Und die Schröders blieben bis tief in die Nacht. Genauso wie die Schauspieler Heiner Lauterbach und Veronica Ferres, die Maschmeyer im Jahr zuvor bei der Berlinale kennengelernt hatte. Christian Wulff, zu der Zeit Ministerpräsident Niedersachsens, hatte Maschmeyer und Ferres bekannt gemacht. Maschmeyer hatte die Schauspielerin zuerst ein bisschen beraten. Sie hatten ein Date. In Südafrika. Mit Thunfisch zur Vorspeise und Steak im Hauptgang. Später heirateten die beiden.

Zu seinem 50. Geburtstag ließ er sich wieder etwas Neues einfallen. Dem *Focus* berichtete er, dass er sich um Mitternacht seinen Schnauzer abrasiert habe. Früher musste er »älter wirken«, jetzt wollte man »jünger aussehen«. Er war nicht mehr der Antreiber vom AWD. Er hatte verkauft und kam sich plötzlich nutzlos vor. Er musste ein neues Leben beginnen. Und das begann er als Doktor. Am 8.5.2009 wurde Maschmeyer zum Ehrendoktor an der Universität Hildesheim. Auf diese Art und Weise erhielt der exmatrikulierte

Medizinstudent nach über 20 Jahren doch noch seinen akademischen Titel. Nun hatte er zwar nicht seinen alten Traum erfüllt, Sportmediziner zu werden, aber statt dem Dr. med. durfte er sich immerhin Dr. h.c. aufs Klingelschild schreiben. *Doktor honoris causa*, Doktor ehrenhalber.

Ein richtiger Doktor wohnte dennoch nicht in dem Haus mit dem feinen Klingelschild. Die Meinung vertraten viele, und so kam es erneut zu einigem Aufruhr. Denn Maschmeyer erhielt den Doktor nicht für wissenschaftliche Leistungen und jahrelanges Studium, sondern für eine Geldspende. Der einzige ersichtliche Grund für den akademischen Titel des Managers war der Betrag von einer halben Million Euro, die er dem Institut für Psychologie zukommen ließ. Er finanzierte eine Juniorprofessur für »Neurobiologische Grundlagen des Lernens«.

Der Staatsanwaltschaft lag bald eine Anzeige vor. Aber juristisch ist es völlig legitim, einem Geldgeber den Doktortitel zu geben. Die Statuten der Universität Hildesheim sahen durchaus vor, dass eine Promotion für »Verdienste um die Förderung der Wissenschaft« vergeben wird. Das war zwar erst ein paar Monate vor Maschmeyers Doktor-»Würde« so festgeschrieben worden, aber der vermeintlich gekaufte Ehrendoktor blieb trotzdem gültig.

Als ihm die Würde übertragen wurde, waren alle da. Gerhard Schröder, und auch die Scorpions waren erneut zu Gast. Sportler, Schauspieler. Alle kamen. Die Laudatio wurde von niemand anderem als Christian Wulff gehalten. Auch mit ihm führte Maschmeyer ein freundschaftliches Verhältnis. Nach Christian Wulffs Wahl zum zehnten Bundespräsidenten der Bundesrepublik Deutschland im Jahr 2010 verbrachte er seinen Familienurlaub in einer Villa Maschmeyers auf Mallorca in Port d'Andratx. Bei einem späteren Verkauf ging die Villa für 38 Millionen auf den Markt. Maschmeyer finanzierte außerdem die Anzeigenkampagne für Wulffs Buch »Besser die Wahrheit«. Er hatte ja in Schröders Wahlkampf 1998 bereits Erfahrung mit Werbekampagnen gesammelt. Auch die Rechte an den Memoiren des Altkanzlers erwarb er dem *Spiegel* zufolge für 2 Millionen Euro. Lange Zeit wusste die Öffentlichkeit nur von einer Million. Über diesen Betrag schrieb die *ZEIT:* »Unerhört hoch, aber nicht unerhört.« Ob die Zeitung das doppelte Honorar von 2 Millionen wohl auch hätte akzeptieren können? Der Verlag Hoffmann und Campe zahlte für das Buch lediglich eine halbe Million an Maschmeyer. Er hatte sich das Buch des Altkanzlers also 1,5 Millionen kosten lassen. Es erschien 2006 unter dem Titel »Entscheidungen«.

Ein großzügiger Preis, da so viel durch ein einziges Buch kaum eingespielt werden kann. Trotzdem beharrte Maschmeyer darauf, dass es sich dabei um eine geschäftliche Transaktion handelte. Wenn das so war, entlarvt ihn das als einen extrem schlechten Geschäftsmann.

Tatsächlich sind 2 Millionen keine große Investition für den Multimillionär. Maschmeyer gehörte zur Crème de la Crème Deutschlands. Mit ihr wurde er abgelichtet, und so kam er in die Presse, ohne augenscheinlich selbst viel dafür zu tun. Dem Image schadete das nicht. Es wirkte vertrauenswürdig, neben einem beliebten Entertainer wie Thomas Gottschalk in die Kamera zu grinsen. Gottschalk moderierte 2010 die Spendengala »Ein Herz für Kinder«. Zwischen all den Stars und Politikern im Publikum, setzte er sich in die erste Reihe neben Maschmeyer. Der Milliardär war in Spenderlaune und macht ein großzügiges Angebot. Gottschalk formulierte es anders: »Sie können sich an dem Mann heute bitter rächen.« Maschmeyer grinste breit und sah zu Boden. »Er hat gesagt: Egal, was heute reinkommt, ich lege 10 Prozent drauf.« 1,4 Millionen Euro zahlte Maschmeyer am Ende. Weit weniger, als die Zahlung für das Manuskript seines Freundes Schröder. Trotzdem eine großzügige Geste. Die Darstellung des wohltätigen Multimillionärs war gut inszeniert. Maschmeyer kam vorbereitet: »Egal, ob großes Herz, weiches Herz oder goldenes Herz, wir müssen das Herz öffnen.« Schöne Worte zwischen schönen Gesichtern. Vorwürfe, dass der Geschäftsmann sich sein Netzwerk zu nutzen machte, passten da natürlich nicht rein. Sein Anwalt versicherte: Maschmeyer »verfolgt mit seinen Kontakten keine wirtschaftlichen Interessen«. Sie seien rein privater Natur.

Auch Rürup spielte weiter eine große Rolle. Im Frühjahr 2009 schaltete der AWD eine Anzeige. In der Hannoveraner *Neuen Presse* war Rürup über einer halben Seite in Pose abgebildet. Dazu das AWD-Logo und die Worte: »Chefökonom Bert Rürup: AWDs jüngster Neuzugang. Ab 1. April. Kein Scherz«.

Rürup hatte bereits bei der Privatisierung der Rente eine große Rolle gespielt. Dass er zum AWD wechselte, war bares Geld in den Kassen des Unternehmens. Rürup war ein »Wirtschaftsweiser« – Teil also eines fünfköpfigen Gremiums, das vom Bundespräsidenten für fünf Jahre berufen wird. Dieser »Sachverständigenrat zur Begutachtung der gesamtwirtschaftlichen Entwicklung« soll die wirtschaftliche Zukunft prognostizieren. Das Gremium berät die Bundesregierung, erstellt jährliche Gutachten und ist damit ein wichtiges Organ in der Wirtschaftspolitik der Bundesrepublik. Rürup war neun Jahre lang Mitglied dieses Rates. Er ist seriöser Wirtschaftswissenschaftler und in der Politik hoch angesehen. Als er seine zweite Wahlperiode im Februar 2009 ein Jahr zu früh beendete, verlor Rürup keine Zeit und wechselte in die Privatwirtschaft. Zu dem Zeitpunkt war Maschmeyer noch Vorstand im AWD. Auch hier war Rürup für ökonomische Analysen verantwortlich. Nach eigener Aussage hatte er ein »gutes Gewissen« bei seiner Arbeit für den Strukturvertrieb. 2005 hatte er der »Riester-Rente« die »Rürup-Rente« nachgeliefert. Jetzt konnte er diese Renten, die er selber konzipiert hatte, verkaufen.

Aber die beiden Duzfreunde Maschmeyer und Rürup planten noch mehr. 2010 gründeten sie gemeinsam die Maschmeyer Rürup AG. Das kurzlebige Beratungsunternehmen machte vor allem wegen der Kombination dieser beiden Namen Schlagzeilen. Beide galten als Experten auf ihrem Gebiet. Beide wurden hochgelobt. »Ich bin mit den beiden Gründern persönlich befreundet«, sagte Gerhard Schröder, und landete mit dieser Aussage promt auf der Homepage.

Einige SPDler und Maschmeyer blieben über die Jahre eng miteinander verbunden. Neben Freund Schröder und den Kollegen Riester und Rürup gab es andere, die nach der Regierungszeit des Altkanzlers von der AWD aufgefangen wurden. Der damalige Regierungssprecher Béla Anda beispielsweise wurde Kommunikationschef beim AWD und war damit zuständig für Presse, Marketing und Sponsoring. Ein Netzwerker direkt aus der Politik.

Die Schlammschlacht

Besonders Maschmeyers Verzahnung mit der Politik erregte Aufsehen. Für den NDR setzte sich Christoph Lütgert an eine Dokumentation über den umtriebigen Superreichen. Lütgert, ehemaliger Chefreporter des Senders, war bereits seit Mai 2010 im Ruhestand. Vielleicht war gerade deshalb der vermeintliche Rentenbetrug für ihn eine Herzensangelegenheit. Drei Jahre lang versuchte er, ein Interview mit Maschmeyer zu bekommen.

Dabei sollte es nicht bloß um die politischen Kontakte des AWD-Chefs gehen, sondern auch um die restlichen Vorwürfe, die seit der Jahrtausendwende unbeantwortet im Raum standen. Doch die Handlanger des Privatmanns Maschmeyer ließen das Fernsehen abblitzen. Die Reporter wurden zum neuen Mutterkonzern Swiss Life geschickt. Die Schweizer wollten hingegen nicht über Machenschaften der Tochter urteilen, die vor ihrer Zeit stattgefunden hatten. Auch der Geschäftspartner Rürup verwies nur auf Maschmeyer selbst. Eine Schweigespirale.

Im September wurde die Sendung dennoch ausgestrahlt. Ohne klares Statement der verdächtigen Parteien. Sie trug den Namen »Abzocker Maschmeyer. Liebling der Politik, Freund des Bundespräsidenten«.

Lütgert blieb am Thema dran. Am 12. Januar 2011 folgte eine Fortsetzung: »Der Drückerkönig und die Politik«. Dort widmete er sich ausführlich den Verbindungen Maschmeyers in die Politik. Dem gefiel das gar nicht. Der »Drückerkönig« machte gehörig Druck. Noch vor der Ausstrahlung lag bei jedem der ARD-Intendanten ein 61-seitiges Schreiben von Maschmeyers Anwalt auf dem Tisch. Die Dokumentation sollte journalistisch geprüft werden. Fehler würden Konsequenzen nach sich ziehen. Beim ARD war man sich aber einig: Der Film erzählte nicht einmal eine neue Geschichte, sondern sei »eine pointierte Zusammenschau«, wie der Leiter der ARD-Innenpolitik sagte. Die Dokumentation wurde wie geplant ausgestrahlt.

Daraufhin engagierte Maschmeyer einen Bluthund. Gerhard Strate. Strate ist Strafverteidiger. Es wurden private Informationen zu Lütgert angefordert. Vertragliches Verhältnis, Altersvorsorge und vergangene Vergehen. Auskunfteien telefonierten herum, um an Informationen zu gelangen. Er suchte gezielt nach Straftaten im Sinne der Paragrafen 240 und 241a. Nötigung und politische Verdächtigung. Strate drohte mit weiteren Folgen. Er hatte vor allem ein Auge auf das »offenkundig sinnlose Heranpirschen von NDR-Kamerateams an Herrn Maschmeyer und seine Mitarbeiter«. Man könne es »auch noch an anderen Vorschriften« messen.

Auch die Geschädigten sollten mundtot gemacht werden, ebenso Ariane Lauenburg, die Expertin der Stiftung Warentest, die Stellung bezogen hatte. Die Juristen im Haus des NDR schüttelten nur die Köpfe. Wie eine ernstzunehmende strafrechtliche Verfolgung wirkte das alles nicht.

Acht Tage später, am 20. Januar, folgte ein dritter Beitrag. »Die Unschuld vom Maschsee«. Moderatorin Anja Reschke erklärt zu Beginn der Ausstrahlung, wie es zu dem neuen Beitrag kam. »Hier war vielleicht was los die Woche!« Drohungen an die ARD-Intendanten, Klagen, »sogar unsere Autoren wurden irgendwie dubios, privat ausgeforscht. Alles klar, Carsten Maschmeyer demonstriert seine Stärke«. Bevor sie die neue Dokumentation zeigt, schiebt sie mit süffisantem Lächeln die Einschüchterungsversuche des Machtmenschen zur Seite. »Wissen Sie, im Anlegen mit mächtigen Personen hat Panorama seit 50 Jahren Erfahrung.«

Die anderen Medien eilten der ARD zu Hilfe. »Ein Großangriff auf die Pressefreiheit«, überschrieb die *FAZ* ihren Artikel zum 22.1.2011. »Mögen sie standhaft bleiben. Sie streiten für die demokratische Öffentlichkeit an sich«, wünschte sie abschließend. Die *Süddeutsche Zeitung* sprach von einer »Tsunami-Taktik«, bei der der NDR mit komplexen Anfragen überhäuft und überfordert werden sollte.

Keine Stellungnahme von Maschmeyer. Er fühlte sich in die Ecke gedrängt. »Alle Aktivitäten in Zusammenhang mit der Sendung« seien »ausschließlich darauf gerichtet, eine korrekte Berichterstattung zu gewährleisten«, hieß es. Der Mann, gegen den harte Vorwürfe im Raum standen, wollte dem Urgestein des Journalismus erklären, wie er seinen Job zu machen hätte. Lütgert, mehrfach ausgezeichneter Investigativ- und Wirtschaftsjournalist, hatte scheinbar nach Ansicht von Maschmeyer noch Nachholbedarf in journalistischer Ethik. Der ungelernte Finanzberater wollte wohl aushelfen. Der Kampf der beiden wurde in den Medien bald als »Schlammschlacht« bezeichnet.

»Dass er da am Ende nicht damit konfrontiert werden will, das kann ich verstehen«, kommentierte Lütgert im ZDF am ersten Februar 2011. Das ZDF wies in derselben Sendung auch darauf hin, dass auf YouTube noch die volle Dokumentation zu sehen sei – eine Szene, in der Maschmeyer persönlich zu sehen war, durfte die ARD nicht ausstrahlen. Das ZDF konnte sie trotzdem zeigen.

Selbstverständlich beharrte Maschmeyer darauf, dass es ihm fernläge, die Pressefreiheit angreifen zu wollen. Am 3. Februar gab es dann doch ein Interview mit ihm. Die *ZEIT* druckte es unter dem Namen: »Ich verstecke mich nicht«. Maschmeyer inszenierte sich in dem Blatt als ein Mann, der sich hinter seine ehemaligen Mitarbeiter stellt, weil diese in der Sendung »diffamiert« worden seien. Tatsächlich wurde vor allem gezeigt, wie sogar die AWD-Vertreter unter dem Schneeballsystem des Finanzkonzerns zu leiden hatten. Maschmeyer redete davon, dass ihm monatelang nachgestellt worden sei, er habe sich verfolgt gefühlt. Sogar seine Bekannten und Freunde seien betroffen gewesen. Fast nebensächlich präsentierte die Presse immer wieder neue Geschädigte. Doch Maschmeyer nannte sie »Einzelfälle«, die sich im »Promillebereich« bewegten. In Wahrheit gingen die Schäden bei den AWD-Opfern in den achtstelligen Bereich.

Auch ein »geschäftstüchtiger Krake im politischen Netzwerk« wollte er im Interview nicht sein. Prominente Bekanntschaften ergäben sich eben in einer kleinen Stadt wie Hannover. Geschäftlich habe er von dem Netzwerk ohnehin nicht profitiert. Zuletzt bezeichnete er noch Lütgert – wie schon die geschädigten Kunden – als Einzelfall. Er sei ein einzelner »übereifriger Journalist«.

Im Oktober verewigte der *Spiegel* seine weiteren Äußerungen. »Mir sagen Chefredakteure: Das ist eine Sauerei, das ist ein Dreckspiel, das da läuft. In Kitzbühel sprechen mich Fernsehmoderatoren an und sagen, Carsten, wir alle haben Geld in diesen Fonds verloren. Was wollen die überhaupt? Es gibt x-Millionen, die solche Fonds gezeichnet haben.«

Für Laien und Kleinanleger wären geschlossene Fonds viel zu kompliziert. Davor warnte die Stiftung Warentest schon vor Jahren. Sie waren schlicht zu riskant. Trotzdem sagte Maschmeyer wider allen Gegenstimmen: »Ich bin fest davon überzeugt, dass die meisten Kunden ausreichend aufgeklärt wurden, dass sie ein Totalverlustrisiko haben.«

Es wirkte, als würde Aussage gegen Aussage stehen. Aber die außergerichtliche Einigung warf ein anderes Licht auf die Sache. Es wurde letztlich nur die Ausstrahlung einer einzigen Szene verboten. Alles andere durfte gezeigt werden. Am 8. Juli 2011 gab der NDR den Beschluss bekannt. Ein Freitagnachmittag, kurz vor dem Wochenende. Maschmeyers Privathaus, so der Beschluss, durfte nicht mehr zu sehen sein. Das war das Ergebnis einer Einigung, bei der Maschmeyer auf alle weiteren strafrechtlichen Schritte verzichtete. Maschmeyer hatte geblufft. Er hatte keine ernstzunehmenden Karten in der Hand gehabt. Seine Drohungen und Einschüchterungsversuche hatten nur den Effekt gehabt, dass die Dokumentationen in der Presse diskutiert wurden und noch mehr Aufmerksamkeit auf seine ohnehin bekannte Vergangenheit zog.

Es dauerte nicht mehr lange und die einstigen Erfolge des AWD unter Führung der Swiss Life brachen endgültig ein. Im Dezember trat Maschmeyer vom AWD-Verwaltungsrat zurück und distanzierte sich damit vollends von seiner Firma. »Ich möchte mit diesem Entschluss den unberechtigten Angriffen auf meine Person und auf die AWD den Boden entziehen.« Gleichzeitig reduzierte er den Anteil seiner Aktien im Mutterkonzern von 5 auf unter 3 Prozent. Damit seien die »falschen Unterstellungen«, er habe noch etwas mit dem AWD zu tun, »absolut gegenstandslos«.

Zwischen den gerichtlichen Kämpfen, der schlechten Presse und dem Abgang Maschmeyers schlug für den AWD die letzte Stunde. Die Marke fuhr für den neuen Mutterkonzern nicht mehr genug ein. Bis zu 400 Menschen sollten in der AWD ihren Arbeitsplatz verlieren, gleichzeitig sollte der Dienstleister umgetauft werden in Swiss Life Select. Es war der Plan der Schweizer, mithilfe der deutschen Tochter in Mittel- und Osteuropa Marktanteile zu sichern. Gerade dort konnte der AWD aber überhaupt nicht punkten. Das ganze Geschäft warf den Gewinn des Unternehmens in einen zweistelligen Millionenbereich zurück – keine halbe Milliarde Jahresumsätze mehr. Maschmeyer nannte das in der *Handelszeitung* ein »Pech«.

Die Traumwelt des Superstars

Egal, ob die Presse schlecht war oder nicht. Die Aufmerksamkeit der letzten Jahre half sicherlich, als es darum ging, sein neues Buch zu vermarkten. Maschmeyer hatte sich von der

AWD und seinem Schnauzer endgültig emanzipiert und war zu einer eigenen Marke geworden. Und die schien er auspressen zu wollen. »Selfmade« hieß seine autobiografische Erfolgsgeschichte, und sie wurde zum Bestseller. Maschmeyer war inzwischen das vollendete Sinnbild des amerikanischen Traums. Er konnte es sich sogar erlauben, andere Spitzenmanager bei Günther Jauch zu verteidigen. »Wo Ausnahmeleistungen möglich sind, muss auch ausnehmend bezahlt werden können.« Auf die Frage, ob Moral dabei eine Rolle spiele, antwortete er nur indirekt, aber deutlich. »Wenn Manager ein tolles Produkt entwickeln, das sich gut verkauft, sollen sie auch entsprechend entlohnt werden.« Auch die Methoden will er nicht hinterfragt haben. »Wenn ein Auto fehlerhaft ist, macht man ja auch nicht den Autoverkäufer haftbar, sondern den Hersteller.« – Ob Maschmeyer dabei auch an die deutschen Autohersteller dachte?

Schuld an dem katastrophalen Abschneiden seiner Fonds waren demnach die Fondsgesellschaften. Nicht der AWD. Was Maschmeyer dabei unerwähnt ließ: Die verheerenden Folgen resultierten eindeutig aus der schlechten Aufklärung über das Produkt. Und diese Aufklärung wäre Aufgabe des sogenannten Finanzdienstleisters gewesen. Sie ist mit voller Absicht unterlassen worden.

Vielleicht ist Maschmeyer nur ein inzwischen etwas weltfremder Superreicher, der glaubt, in seiner Vergangenheit ein paar Fehler gemacht zu haben. Für ihn scheint die Regel zu gelten: Viel Leistung bringt viel Geld. Wer so jung schon zum Millionär geworden ist, nimmt die Welt und sich darin sicherlich anders wahr, als diejenigen, die trotz harter Arbeit und hoher Leistung jeden Tag kaum genug für ihre Familie verdienen – und schon gar nicht an eine Weltreise oder ein zweites Auto denken können. Vielleicht hat er auf seine Sünden nur so verhalten reagiert, weil er sich für seine Vergangenheit schämt.

Dann passierte der nächste GAU. Maschmeyers neuerlich frisch aufpolierte Fassade begann abermals zu bröckeln. Ausgerechnet mit Aktienfonds machte er sich die Finger schmutzig. Er wandte sich an den Banker Eric Sarasin. Sie kannten sich bereits seit Langem. 55 Millionen Euro vertraute Maschmeyer ihm 2010 an. Für Investitionen. Die Hälfte davon war plötzlich weg.

Die Fonds verloren ihren Wert, als sie unter Verdacht gerieten, dass mit den Aktien illegale Cum-Ex-Deals abgeschlossen wurden. Dabei wurde durch eine Reihe von geschickten Verkäufen und Leerverkäufen von Aktien vorgegaukelt, dass zwei Parteien eine Kapitalertragssteuer abgeführt hätten, obwohl nur einer der Händler sie gezahlt hatte. Beide konnten sich durch den Betrug aber die Steuern zurückerstatten lassen. Juristisch ist das Ganze eine höchst komplizierte Angelegenheit. Von außen betrachtet wirkt die Sache hingegen sehr simpel: Ein Cum-Ex-Geschäft sieht nicht aus wie Steuerhinterziehung. Sondern wie Diebstahl. 31,8 Milliarden Euro an Steuergeldern wurden durch diese Tricks dem Staat geklaut.

Kein Wunder, dass Maschmeyer sein sauberes Image mit solchen Geschäften nicht beschmutzen wollte. Da er selbst zu einer Marke geworden war, galt es auch, diese Marke in der öffentlichen Wahrnehmung zu schützen. Dabei griff Maschmeyer wieder einmal auf Strategien zurück, die er schon in der Vergangenheit angewandt hatte. Er ging in die Offensive und schlug um sich. Er nahm kein Blatt vor den Mund und spielte den Unschuldigen. »Das wurde mir als normaler Aktiendividendenfonds dargestellt.« Den Vertreter seiner Bank bezeichnete er als »Lügner«. Er sei nicht richtig informiert gewesen. Er habe eben seinem ehemaligen Freund Sarasin vertraut. Die Schuld liege bei den anderen. Und die Rollen waren plötzlich vertauscht. Jetzt erhielt Maschmeyer Drohbriefe der Bank seines ehemaligen Fußballfreundes, während er selbst sein verspekuliertes Geld zurückzuklagen versuchte. Der Rechtsstreit zog sich einige Monate hin. Natürlich bezeichnete er sich nun selbst als »Geschädigten«.

Das Ergebnis war wie immer ein Vergleich. Und wie immer gewann Maschmeyer. Er bekam 53 der 55 Millionen Euro zurück. Prozentual viel mehr als jeder der AWD-Geschädigten. Ob er aus den Erfahrungen seiner eigenen Kunden nie etwas gelernt hätte, wurde er im Gerichtssaal gefragt. Eine richtige Antwort gab es darauf nicht.

Als einer der reichsten Deutschen muss sich Maschmeyer nicht mehr zusätzlich bereichern. Sein Vermögen wurde 2016 auf 1,2 Milliarden Euro geschätzt. Der 59-jährige, der mit 30 in den Ruhestand hätte gehen können, macht trotzdem weiter. Vielleicht ist sein Imperium inzwischen zu groß geworden und er weiß wirklich nicht, was die Banken mit seinem Geld machen. Oder was der Druck, den er auf seine Angestellten ausübte, für Auswirkungen hatte. Von einem Milliardär mit derartigem Einfluss wäre es aber nicht zu viel verlangt, mehr Verantwortung für seine Taten und ihre Konsequenzen zu übernehmen. Oder, wie Maschmeyer selbst das Gesetz von Ursache und Wirkung gern formuliert: Wenn du Wind säst, wirst du Sturm ernten.

Im Februar 2016 äußerte sich Maschmeyer dann doch zu den AWD-Opfern. »Selbstverständlich fühle ich mit den Menschen, die mit ihrer Geldanlage Pech hatten.« In einem vorbereiteten Interview fand er sorgfältig ausgewählte Worte. »Ganz besonders mit denen, die solche Produkte vielleicht gar nicht erst hätten kaufen sollen.« Es war das erste Mal seit vielen Jahren, dass er derart öffentlich über die Folgen seiner Geschäftsmethoden sprach. Ein Schuldbewusstsein gab es aber immer noch nicht. Stattdessen redete er die Vorwürfe gegen sich herab. »Jeder kann die Wut von Sparern, die Geld verloren haben, verstehen. Ich auch.« 50 Millionen Euro habe er damals zurückgelegt, für diejenigen, die der AWD nicht richtig beraten hatte. Swiss Life trage die Verantwortung dafür, dass das Geld nicht an die entsprechenden Kunden gelangte. Von allem was mit dem AWD zu tun hat, hatte er sich inzwischen weit distanziert. »Ich wollte keine Projektionsfläche mehr bieten für Ideologen.« Und dann noch der Satz, der ihn in die klare Opferrolle stellte: »Man hat mich in den letzten Jahren als Fußabtreter für die Probleme der ganzen Finanzbranche benutzt.«

Er hatte gesät, ernten wollte er aber wohl nur das, was ihm passte.

Ganz nebenbei veröffentlichte er ein weiteres Buch, in dem er einfach erklären will, wie man an viel Geld kommt. *Die Millionärsformel.* Das Buch, das alles ändern sollte, war jedoch ein anderes und wurde von Stefan Schabirosky geschrieben. Dieser arbeitete bis 2003 beim AWD. Sein Fortgang war ein unharmonischer. Er veröffentlichte 2017 das Werk *Mein Auftrag: Rufmord*, in dem er zu erklären versucht, wie er der Presse systematisch Falschinformationen zugespielt hatte. Sein Ziel war es dabei, den Ruf von Maschmeyer und der AWD zu ruinieren. Bezahlt wurde er angeblich von der Konkurrenz. Eine halbe Million Euro kassierte der »Berater« laut eigener Aussage von der DVAG. Der Deutschen Vermögensberatung, einem weiteren Finanzdienstleister. Ein Bonus sei ihm versprochen worden, wenn die Schmierkampagne Erfolg tragen sollte. Anscheinend tat sie das. Der

Betrag aber wurde nicht ausgezahlt. Und Schabirosky wechselte erneut die Seite.

Auch bei dieser Geschichte gibt es eine nicht ganz unerhebliche Ungereimtheit. Der DVAG will von all dem nichts gewusst haben. Zwar gab es von Schabiroskys Seite das Angebot, interne Informationen aus dem AWD zu liefern, aber die waren für die Konkurrenz weder relevant noch wertvoll. Schabirosky wurde lediglich als Controller engagiert, um den Markt zu analysieren. Seine Beobachtungen wurden aber – so der Pressebericht der DVAG – »zunehmend ungelesen abgelegt.« Bald wurde er gefeuert, seine Arbeit war nicht verwertbar und »die Erkenntnis reifte, dass Schabirosky überwiegend und auf Kosten der DVAG einen persönlichen Rachefeldzug gegen den AWD führte«. Darum »trennte sich die DVAG 2008 von Schabirosky«.

Und eine zweite Lücke in Schabiroskys Geschichte: Die Medien, denen vorgeworfen wurde, leichtfertig falsche Informationen veröffentlicht zu haben, erhoben Einspruch. Der NDR beispielsweise hätte in guter, journalistischer Manier die Informationen geprüft oder von unabhängigen Experten bestätigen lassen. Zudem blieben einige Lücken in dem Buch, die für eine umfassende und seriöse Berichterstattung hätten geschlossen werden müssen. Die verhängnisvollen Kredite beispielsweise, die den AWD-Kunden vermittelt wurden, erwähnte Schabirosky nicht. Dem *Handelsblatt* zufolge erklärte er das damit, dass er nur etwa 30 Prozent seiner Kunden Kredite vermittelt habe. Die seien dafür mit bis zu 90 Prozent von der Bank finanziert worden. Das hätte niemals geklappt, wenn die Fonds keinen Wert gehabt hätten. Zumindest ist das Schabiroskys Ausrede, warum er die dubiosen Kredite im Buch nicht erwähnte.

Insgesamt drängt sich der Verdacht auf, dass Maschmeyer und der Autor sich in einem Ziel wiedervereint haben: einen guten Titel zu verkaufen. Der *ZEIT* zufolge war es Maschmeyer selbst, der das Rufmord-Buch vor der Veröffentlichung mit seinen Anwalt gegenlesen konnte. Frühere Versionen wäre noch »voller Groll auf Maschmeyer und den AWD« gewesen. Damit wolle Schabirosky aber nichts mehr zu tun haben.

Aber auch die verrückte Geschichte um das Buch war nach ein paar Tagen wieder aus den Medien verschwunden. Das Buch floppte. Maschmeyers Ruf mag abermals ein bisschen gelitten haben, aber deswegen sind die Kleinanleger im Nachhinein nicht weniger abgezockt worden. Die ehemaligen Vertreter sind nicht weniger pleite. Sie haben alles riskiert, weil sie an den falschen Traum geglaubt haben, dass Leistung mit monetärem Erfolg ausgezahlt würde. Übrig ist nichts.

Maschmeyers Leistung bestand vor allem darin, zu blenden. Nicht nur, weil er den amerikanischen Traum vorgespielt hatte. Er machte sich selbst zum Superstar. Und wie viele Stars ist das helle Strahlen und Blenden seine Haupttätigkeit.

In Wirklichkeit sind aber nicht alle Leistungen gleich. Manche lassen sich gut in Zahlen umwandeln. Zahlen sind einfach zu vermitteln und einfach zu besolden. Viele Kunden, viele Anwerbungen, viele Verkäufe – das alles ergibt viel Geld. Das »Wie?« hinter dem verdienten Geld ist dabei zweitrangig. Leistung und Arbeit lassen sich nur selten vermessen. Die Vermessung des Menschen ist genau das: Vermessen.

Das Versagen

Dieses Buch ist eine Anklage. Basis der Anklage ist ein Denkfehler. Wer durch die Glasdecke gebrochen ist und ganz oben arbeitet, der hat nicht nur die Verantwortung für sein Unternehmen, seine Familie oder sich selbst übernommen. Wer so viel Macht angehäuft hat, dass er zu Deutschlands oder gar zur globalen Finanzelite gehört, der darf auch die Verantwortung für seine Angestellten, seine Kunden sowie für die Umwelt und die Allgemeinheit nicht vergessen.

Wer Steuergelder erhält, der ist gegenüber den Steuerzahlern verpflichtet. Die Fälle, die in diesem Buch porträtiert wurden, handeln von Spitzenmanagern, die zu Versagern wurden. Versager sind sie, weil es ihnen nicht gelungen ist, dieser Verantwortung nachzukommen. Oder weil sie es erst gar nicht versucht haben. Sie haben ihre Macht schamlos erweitert und sich jeder Kontrolle von außen entzogen. Sie haben vergessen, dass sie Teil eines Systems sind, in dem die Menschen sich auf sie verlassen müssen. Das auszunutzen ist schlichtweg unmoralisch. Es ist nicht menschlich.

Sie sitzen in verantwortungsvollen Posten und bieten die Existenzgrundlage für viele Arbeiter und Zulieferer. Als Schlecker plötzlich insolvent ging, fielen seine Angestellten aus allen Wolken. Es gab keine Vorwarnung. Innerhalb weniger Wochen war es einfach geschehen. Das Insolvenzverfahren begann, und bald wurden die Stellen gestrichen. Die sogenannten Schlecker-Frauen traf es besonders hart.

Anton Schlecker war in jedem Fall ein geschickter Geschäftsmann, der aus einer kleinen Fleischereikette einen gigantischen Konzern errichtet hatte. Selbst wenn er seinen Bankrott nicht kommen sah, hätte er seinen Mitarbeitern mehr geschuldet. Jahrzehnte hatten sie für ihn geschuftet, wurden ausgehorcht, überwacht und drangsaliert. Dann machte Anton Schlecker eine Reihe von Fehlern, und sie verloren ihre Existenzgrundlage. Sie wurden gegen billigere Arbeitskräfte eingetauscht. Doch auch diejenigen, die das vermeintliche Glück hatten, bis zum Schluss die Stellung halten zu dürfen, hatten nichts von ihrer Treue.

Es gab keine Hilfestellung durch das Unternehmen, keine Übergangsleistungen, keine Transfergesellschaft. Die Proteste der Schlecker-Frauen blieben genauso fruchtlos wie ihr Engagement. Der geisterhafte Familienpatriarch kam erst aus seinem Versteck, als er vor Gericht geladen wurde.

Vielleicht waren Stolz oder Ungeschick der Grund dafür, dass Anton Schlecker die Insolvenz zu spät kommen sah. Als es jedoch so weit war, schien es ihm nur darum zu gehen, sich selbst und seine Familie zu retten. Gegenüber seinen ehemaligen Angestellten hat Schlecker seine Verantwortung bis zum heutigen Tage nicht wahrgenommen.

Katastrophenbaustellen wie der Berliner Flughafen stehen dem in nichts nach. Die Arbeiter mussten lange Überstunden schuften und zahllose Konflikte untereinander austragen. Die großen Aufträge gingen nicht an die geeigneten Firmen, weil die Politik selbst Baumeister spielen wollte. Bestechungsgelder flossen, und korrupte Firmen wie die Imtech wurden engagiert.

Und das Schlimmste von allem: Seit Jahren sitzen die Kleinunternehmer auf ihren Kosten. Wer investiert hat, um im BER einem redlichen Geschäft nachzugehen, bekommt keinen Cent zurück.

Mehdorn sollte die Probleme lösen. Er hatte einen Ruf als Sanierer. Das ist die Dienstleistung, für die er engagiert worden ist und sein millionenschweres Gehalt bekommen hat. Mittel- und langfristig hat er aber nichts Signifikantes bewirkt. Der Flughafen ist noch immer nicht eröffnet. Es wird in den Medien darüber debattiert, ob es nicht sinnvoll wäre, ihn einfach komplett abzureißen und mit dem Bau von vorn zu beginnen.

Maschmeyer weiß um die Bedeutung seines berühmten Namens. Er weiß, wie wichtig es ist, einen guten Ruf zu haben. Indem er gemeinsam mit der Prominenz Deutschlands auftrat, machte sich zum Superstar. Trotz der vielen Kämpfe, die er mit der Stiftung Warentest, dem ZDF und anderen Medien ausgetragen und zumeist verloren hat, ist er noch heute ein Liebling der Medien. Maschmeyer verkauft sich selbst ebenso gut, wie er zuvor seine giftigen Fonds verkaufte. Und er macht keine großen Anstalten, die Verantwortung für seine schlechten Geschäfte oder die bösartigen Methoden seiner Firma zu übernehmen. Die Schuldfrage muss für ihn nicht geklärt werden.

Ackermann hat ein ähnlich verzerrtes Selbstbild. Er sieht sich als großer Wohltäter. Immerhin ließ er die Bank hohe Gewinne einfahren! Er machte sie zu einem hochlukrativen, weltweit bewunderten Finanzinstitut. Zu diesem Zweck wurden allerdings Arbeitsplätze abgebaut, was bei Ackermann sehr schnell geschah. Dem Unternehmen sollte es gutgehen, nicht den Angestellten. Die Deutsche Bank sollte in eine Investmentbank nach amerikanischem Vorbild verwandeln werden, und die Risiken, die dieses Modell mit sich brachte, ignorierte er. Heute sitzen neue Köpfe an der Spitze und müssen mit extremen Verlusten kämpfen. Das sind die Nachwehen der Ackermannschen Revolution.

Winterkorns VW brachte serienweise »grüne« Motoren auf den Markt. Eine neue Generation vermeintlich sauberer Verbrennungsmotoren. Allein in Deutschland sind fast 12 Millionen solcher Autos auf den Straßen. Gekauft von Kunden, die glaubten, damit der Umwelt zu helfen. Der Autobauer verkaufte das Gegenteil von dem, was er versprach. Betrug, so bestimmten Regierung und Justiz, war das nicht. Die Kunden scheinen dem beizupflichten, denn der Umsatz knickte nur kurzfristig ein. VW blieb deutsche Lieblingsmarke und arbeitete sich an die Spitze des Weltmarktes vor.

Konsequenzen gibt es kaum. Der VW-Fahrer sitzt auf seinem Wertverlust, dem Umweltschaden und seiner Frustration. Es ist zu betonen, dass kaum jemand wegen des Skandals gekündigt wurde – außer den Bauernopfern im mittleren Management. Ermöglicht hat das die Leiharbeit. Eine Menge Leute wurden nur kurzzeitig eingestellt – die Arbeiter leben ohne Garantie und ohne Schutz. Sie wissen nicht, wie lange sie ihre Familie noch ernähren können. Volkswagen kann beschließen, bis 2020 keinerlei Leiharbeiter zu behalten, ohne einer einzigen Seele zu kündigen.

Und die Festangestellten? Werden trotzdem entlassen. Nur eben vorgeblich nicht infolge des Diesel-Skandals. 30.000 Arbeitsplätze, die mit den Verbrennungsmotoren zu tun hatten, weichen lediglich 9.000 neuer Stellen für die Elektrobatterien. Die Ursache der Kündigungen ist also die Umstrukturierung. Die allerdings hätte schon Jahrzehnte zuvor erfolgen müssen, als man mit illegalen Methoden am Verbrennungsmotor festhielt.

Was Maschmeyer, Winterkorn, Ackermann, Schlecker und Mehdorn vereint, ist, dass alle niemals wirklich Verantwortung übernommen haben. Sie verließen das sinkende Schiff und wehrten jeden Vorwurf eisern ab. Ganz ähnlich, wie ihre Gegenstücke in der Politik es taten: Schröder, Wowereit, Dobrindt. Schuld waren immer die anderen. Unterm Strich sind sie alle gut davongekommen. Sie leben immer noch im Luxus, sind oftmals vollkommen straffrei aus ihrem Versagen herausgegangen. Ehrloses Verhalten ist in der Wirtschaft kein Faktor, solange es nicht juristisch verfolgbar ist. Das ist vielleicht auch der Grund, warum diese Männer nicht einmal das Gefühl haben, sie müssten sich entschuldigen.

Doch die Angestellten und Kunden sind nur die unmittelbaren Opfer. Auch die Allgemeinheit trägt ihren Schaden. Denn der wirtschaftliche Erfolg der versagenden Top-Manager geht immer auch auf Kosten der Zukunft. Für ein allgemeines Wohl bräuchte es langfristige Maßnahmen und nachhaltige Ergebnisse. In Wirtschaft und Politik sind diese aber nicht gefragt. Wahlperioden sind auf wenige Jahre beschränkt. Vorstandsgehälter bemessen sich nach dem Jahresumsatz. Viele Banker erhalten Bonuszahlungen, die sich an einem konkreten Geschäftsdeal ausrichten. Völlig unabhängig davon, ob der Deal für die Kunden vorteilhaft gewesen ist oder nicht. Auch die Vorstände bei Volkswagen und nahezu in jedem anderen großen Konzern erhalten ihre Bonuszahlungen am Ende eines jeden Jahres. Wer viel veräußert und verkauft, macht in kurzer Zeit viel Geld, aber er schadet dem Unternehmen meist langfristig.

Dass es gar nicht üblich ist, langfristig zu denken, illustriert eine Geschichte des Ökonomen Steven D. Levitt. Gemeinsam mit dem Journalisten Stephen J. Dubner veröffentlichte er 2005 das Wirtschaftsbuch *Freakonomics,* in dem die

Autoren die Kurzsichtigkeit der Politik bereits im Vorwort aufdecken. Sie erzählen von der in den USA der 1990er-Jahre um sich greifenden Jugendkriminalität. Als alle vor Sorge nicht mehr wussten, was zu tun sei, sank die Kriminalitätsrate auf wundersame Weise von einem Jahr aufs nächste. Das müsse das Resultat der blühenden Wirtschaft sein, hieß es. Außerdem gebe es strengere Waffengesetze und mehr Investitionen in die Polizei. Das klang alles sehr plausibel.

Levitt/Dubner gaben sich mit diesen Begründungen jedoch nicht zufrieden und wiesen auf einen Beschluss des Obersten Gerichtshofes aus den 1970er-Jahren hin. Im Prozess »Roe vs. Wade« war der Schwangerschaftsabbruch zur Privatsache erklärt worden. Dadurch hatte vorerst kein Gesetz die Abtreibung mehr verbieten können. Plötzlich hatten die Frauen ihre ungewollten Schwangerschaften abbrechen können. Weniger Kinder waren ungewollt, ungeliebt und in zerrütteten Verhältnissen aufgewachsen, und 20 Jahre später gab es plötzlich weniger kriminelle Teenager auf der Straße. Die Wirtschaft und die Maßnahmen der Regierung hatten darauf nur begrenzten Einfluss gehabt. Es war vielmehr ein jahrzehntealter Gerichtsbeschluss, der seine Früchte trug.

Das kurzfristige Wirtschaften bringt natürlich sofort die Ernte ein. Aber sie wird durch einen Kahlschlag gewonnen. Die Felder liegen brach und sind für die kommenden Generationen unbrauchbar. Im Falle von VW schadet das kurzfristige Denken sogar auf mehrere Arten. Fakt ist, dass immer noch Millionen Pest-Motoren auf der Straße sind, die ihre giftigen Stickoxide in die Luft schleudern und nachweislich gesundheitsschädigend sind. Denn noch in den 1990er-Jahren, als die Gefahren der Verbrennungsmotoren bereits hinlänglich bekannt waren, setzte VW weiter auf Diesel. Toyota gab sich offen für Neues. Die Asiaten bauten Hybride. Dabei handelte es sich vielleicht um Brückentechnologien, aber zumindest fuhr man in keine Sackgasse. VW blieb in der Vergangenheit stecken und kümmerte sich nur um kurzfristige Profite. Winterkorn trat zu dem Zeitpunkt zurück, als klar wurde, dass die fetten Jahre vorbei waren. Müller muss jetzt mit dem Erbe leben und sich um eine längst überfällige Sanierung kümmern.

Wenn überhaupt jemand für die Misswirtschaft und Betrügerei von VW zur Rechenschaft gezogen wird, ist es die Regierung. Sie frisst dem Wirtschaftsgiganten aus der Hand. Dobrindt, Merkel und Co. halten die Autobosse bei Laune. Auch weil die vergangenen Regierungen es versäumt haben, andere Industrien in Deutschland aufzubauen. Am Autobau hängen einfach verdammt viele Jobs in diesem Land. Das ist das Erbe, mit dem die aktuelle Große Koalition leben muss, und genau deshalb hat sie sich immer wieder zwischen die Frustration der Öffentlichkeit und ihre Lieblingsbranche gestellt. Inzwischen regt sich die EU – vielmehr um dem Treiben der Regierung, nicht dem der Autobauer Einhalt zu gebieten. Die hat die Erklärungsnot der Betrüger gegen die eigene eingetauscht. Und sollte der Druck der Öffentlichkeit von unten und der Druck der EU von oben Wirkung zeigen, dann wird irgendwann die Regierung selbst zum Bauernopfer.

Dafür könnten Martin Winterkorn, Matthias Müller und jeder andere Automarkenmogul Verantwortung übernehmen. Aber sie werden es nicht tun.

Auch die Steuergelder werden in diesem Wahn verbrannt. Wo sie für soziale Zwecke, Bildung oder Straßen ausgegeben werden könnten, werden sie in große Löcher geworfen und verschwinden. 6 Milliarden Euro an Mehrkosten entstanden beim Bau des Berliner Flughafens. Und der Flughafen ist nur eine der vielen Katastrophen. Ähnliches spielte sich bei Stuttgart 21, der Elbphilharmonie, Toll Collect und vielen weiteren Projekten ab. Manches davon ist schlicht peinlich, etwa wenn das Land Niedersachsen mutmaßlich 667 Millionen Euro ausgerechnet für die Zucht von künstlichem Kaviar ausgibt, die dann nach einer Woche Pleite geht.

Unter dem Loch, durch das jährlich Milliarden an Steuergeldern fallen, steht zumeist jemand mit ausgestreckter Hand. Wie Imtech, die Ländern und Bund nicht nur mehrere Millionen abgeknöpft, sondern den Bau des Flughafens auch noch weiter verzögert und damit weitere Unsummen an Steuergeldern verpulvert haben. Oder Siemens, die für die Restaurierung ihrer eigenen Anlagen im Flughafen zehnfach bezahlt werden. Bananenrepublik Deutschland?

Menschen, die an der Spitze stehen, werden zu Vorbildern. Sie sind das Beispiel für das Handeln vieler. Wer schlechte Beispiele setzt, legitimiert amoralische Werte. Er lebt ein schlechtes Leben vor. Und das ist das größte Versagen von allen.

Der Egoismus, der hier vorgelebt wird, ist das gewinnende System. Der Mensch wird nicht moralischer. Er wird nicht besser. Der Kapitalismus ist so erfolgreich, weil er das verstanden hat. Die superreichen Top-Manager sind so erfolgreich, weil sie dieses System leben.

Vorstände, Banker, Vertreter sind vereint in ihrem Streben nach dem kurzfristigen Gewinn. Sie haben oft mehr davon, ihre Kunden ans Messer zu liefern, als ihnen zu helfen. Sie haften – ähnlich wie ein Flughafenchef – nur für kurzfristige Fehler. Ein Vorstand kann ein Unternehmen zugrunde richten und dabei fantastische Zahlen generieren – aber er macht es seinen Nachfolgern unmöglich, jemals wieder Land zu sehen. Der Kapitalismus heute funktioniert nach dem Prinzip der verbrannten Erde.

Würden sich die Bonuszahlungen nicht auf Individuen beschränken oder würden sie auf dem langfristigen Nutzen der Kunden basieren, wäre schon viel getan. Die Spitze muss dafür belohnt werden, langfristig zu arbeiten. Gewinne, Werte, Arbeitsplätze müssen vor allem in der Zukunft gebaut werden. Was, wenn Winterkorn und Ackermann neben ihren Millionengehältern nicht zusätzlich Bonuszahlungen aus dem Geschäftsjahr 2012 erhalten hätten, sondern erst 2022? Oder wenn die Boni ein Prozentsatz von dem wären, was ihre gesammelte Belegschaft an Weihnachtsgeld erhält? Was wenn die AWD-Vertreter Prozente an den Ausschüttungen ihrer Kunden bekommen hätten, statt schnelle Kasse mit Nonsense-Geschäften zu machen?

Plötzlich würde ein Interesse daran entstehen, Kunden zu helfen und das Unternehmen wirklich zu stärken. Es würden Werte entstehen, die über den finanziellen Gewinn hinausgingen. Der Egoismus der Einzelnen würde nun tatsächlich der Allgemeinheit dienen. Alles, was es dafür bräuchte, wäre eine Spitze, die keine zweistelligen Millionenbeträge jedes Jahr einfahren muss, sondern auch mit einem siebenstelligen Gehalt zufrieden ist. Eine finanziell weniger lukrative Arbeit würde weniger ungebremste Egoisten anziehen.

Für einen großen Teil des Geschehens muss die Regierung ihre Verantwortung übernehmen. Sie muss endlich aus der konservativen Schockstarre erwachen. Sie muss auf der einen Seite die Vorstandsgehälter deckeln, VW abmahnen, und auf der anderen Seite Industrien und Handwerke fördern und ein Gegengewicht zu den Netzwerken schaffen, die *too big to fail* sind. Dazu müssten vielleicht Aufgaben der Banken verstaatlicht werden und Alternativen zu giftigen Verbrennungsmotoren stärker unterstützt werden. Letztlich müssten auch Politiker davor bewahrt werden, sich selbst zum Lobbyisten zu befördern. Sie dürften nicht länger instrumentalisiert werden, nicht für »Umweltprämien« und nicht für den Verkauf von Renten. Dobrindt und Riester müssten zu Einzelfällen werden, nicht die Regel bilden.

Ähnlich müsste vor Gericht der einzelne Verbraucher die Möglichkeit haben, gegen die Rechtsabteilung der Volkswagen AG anzukommen oder gegen die Einschüchterungsstrategien eines Maschmeyers. Das Instrument der Sammelklage, das in den Staaten den Verbrauchern erlaubt, sich zusammenzuschließen, ist in Deutschland noch immer unzulässig.

Aber die größte Aufgabe liegt bei »denen da unten«, die am meisten unter »denen da oben« zu leiden haben. Die Kunden, die Verbraucher, die Bürger. Wir. Denn hier bei uns wird das Geld im großen Stil generiert. VW lebt davon, VWs zu verkaufen. Dass der Konzern für seine schamlose Betrügerei, seine gespielte Ahnungslosigkeit und seine Umweltsünden von uns Kunden nicht zur Rechenschaft gezogen wurde, ist ein Armutszeugnis. Denn damit haben wir die einzige echte Macht abgegeben, die wir haben. Die Freiheit, zu wählen. Zur Alternative zu greifen. Die Volkswagen AG zu meiden und stattdessen bei der Konkurrenz zu kaufen. Maschmeyers Show wegzuschalten. Die Konten bei den Skandalbanken aufzulösen. Um den Vorständen zu zeigen, dass sie nicht machen können, was sie wollen. Dass ihr Handeln Konsequenzen hat, die nicht in Gerichtssälen wegdebattiert werden können. Dass die Skandale um ihre Namen und Firmen nicht in der Kurzlebigkeit der Presse versinken, sondern dass man sich an ihre Fehler erinnern wird.

Dann, und erst dann, kann es eine Wirtschaft geben, die wieder dem Menschen dient und nicht umgekehrt. Eine Wirtschaft, die die Allgemeinheit an ihre Spitze setzt. Nicht die Versager.

Der Draghi-Crash

Markus Krall

Politik und Geldpolitik in Europa haben sich von den Grundsätzen verabschiedet, die in der Vergangenheit die Garanten des Erfolgs für den Kontinent waren. Die Finanzkrise und ihre nicht enden wollenden Nachbeben verleiten eine verunsicherte und überforderte Elite an den Schaltstellen der Macht dazu, ihr Heil in Staatsplanung, Intervention und Bürokratie zu suchen. Allen voran entzieht sich die Geldpolitik von Mario Draghi als Chef der Europäischen Zentralbank jeglicher Kontrolle. Auf dem Weg der Eurorettung ist sie zur ungebremsten Staatsfinanzierung degeneriert. Das Ergebnis ist absehbar: Am Horizont zeichnet sich eine monetäre Krise und Katastrophe ab, deren Entladung historisch ihresgleichen suchen wird.
Markus Krall führt sachkundig und kurzweilig durch die Materie und zeigt auf, in welchem Tümpel der »schwarze Schwan« des Crashs umherschwimmt.

208 Seiten | Hardcover | 17,99 € (D) | | ISBN 978-3-95972-072-4

Des Teufels Banker

Bradley Birkenfeld

Schweizer Nummernkonten und Offshore-Vehikel – Bradley Birkenfeld war Meister im Spiel um Millionen, die er für vermögende Kunden in den Untiefen des Schweizer Bankensystems versteckte. Für die Schweizer Großbank UBS jettete er um die Welt, traf sich mit den Schönen und Reichen und half, deren Vermögen vor den Steuerbehörden oder den Ehe- und Geschäftspartnern zu verbergen. Als er Wind davon bekam, dass ihn die UBS für genau jene so lukrativen Tätigkeiten als Sündenbock opfern wollte, brach er sein Schweigen und wandte sich als Whistleblower an die US-Regierung. Aber anstatt auf offene Ohren zu stoßen, wurde er als Verschwörungstheoretiker abgestempelt – das Justizministerium versuchte, ihn mundtot zu machen. Doch Birkenfeld ließ sich nicht einschüchtern und gab seine Informationen an den US-Senat sowie die Aufsichts- und Steuerbehörden weiter.
In »Des Teufels Banker« erzählt Bradley Birkenfeld erstmals die wahre Geschichte und gibt einen einmaligen und gleichsam schockierenden Einblick in eine Welt, in der Diskretion alles bedeutet.

352 Seiten | Hardcover | 24,99 € (D) | | ISBN 978-3-95972-050-2

Deutschland zwischen den Fronten

Gerd R. Polli

Europa – und damit auch die EU – befindet sich in seiner bisher kritischsten sicherheitspolitischen Lage. Einmal mehr wird Deutschland zu einem Schlüsselfaktor für den weiteren Bestand der Union, wie wir sie kennen. Und doch scheint Deutschland wehrlos zu sein. Über Jahrzehnte hinweg hat eine falsch verstandene Partnerschaft mit den USA zu einer umfassenden Kontrolle und Überwachung Europas und vor allem Deutschlands geführt. An vorderster Front: amerikanische Geheimdienste und ihre Zuträger.
Dr. Gert R. Polli gibt als Insider erstmals einen exklusiven Einblick in die Hintergründe des Kampfs um Europa. Als Gründer des Österreichischen Bundesamtes für Verfassungsschutz und Terrorismusbekämpfung kennt er wie kaum ein anderer neutraler Beobachter die widerstrebenden Interessen. Er zeigt, wo die größten Gefahren für Deutschland liegen, und erklärt, welche Hürden Deutschland und die EU nehmen müssen, um von den Veränderungen nicht überrollt zu werden.